好版式

○ 彭懋芸 编著

龍門書局
北京

内 容 简 介

　　版式设计作为现代设计艺术的重要组成部分，是视觉传达的重要手段。表面上看，它是一种关于编排的学问和技能，却实现了技术与艺术的高度统一。本书汇集了大量国内外优秀版式设计作品，以"理论文字+作品分析+作品欣赏+问题分析"的形式，完整而系统地向读者讲解版式设计作品的创意灵感、设计思路和完善经验。全书共分为5章，主要内容包括版式设计概述、版式设计的原则和发展、版式的基本类型、版式设计的流程、版式设计的应用等。通过专业的解析与丰富的案例，提高读者对版式作品的鉴赏水平，进而创作出优秀的版式设计作品。

　　本书图文并茂，结构合理，是广告设计、报刊设计、杂志设计、包装设计、展示设计和工艺美术设计从业者值得收藏的工具书，也是各大、中专院校相关专业学生的必备用书。

图书在版编目（CIP）数据

好版式 / 彭懋芸编著. —北京：龙门书局，2014.9
ISBN 978-7-5088-4366-7

Ⅰ．①好… Ⅱ．①彭… Ⅲ．①版式—设计—教材
Ⅳ．①TS881

中国版本图书馆 CIP 数据核字（2014）第 198881 号

责任编辑：周晓娟　吴俊华　胡文锦 / 责任校对：杨慧芳
责任印刷：华　程　　　　　　　 / 封面设计：张　璇

龙门书局 出版
北京东黄城根北街 16 号
邮政编码：100717
http://www.sciencep.com
北京天颖印刷有限公司印刷
中国科技出版传媒股份有限公司新世纪书局发行　　各地新华书店经销
*
2014 年 10 月第 一 版　　　　开本：720×980 1/16
2014 年 10 月第一次印刷　　　印张：13 3/4
字数：334 000

定价：55.00 元
（如有印装质量问题，我社负责调换）

前言

PREFACE

　　设计影响着我们的生活，也成为传递精神世界的重要语言。版式设计作为现代设计艺术的重要组成部分，是视觉传达的重要手段。优秀的版式设计是技术与艺术的高度统一，不仅要承载信息又要兼顾形式美感，更要对设计主题起到宣传作用，并引起受众的注意和兴趣。版式设计通过版面让人产生美的遐想与共鸣，从而更好地发挥它的宣传、教育、娱乐作用。

　　一些设计初学者往往凭着自己的主观喜好，或用大量的文字以及不同的色彩填满整个版面，过多的信息会让读者被淹没而不知所措。多并不意味着好，通常我们要学会做减法而不是一味堆砌素材，就像建筑大师密斯·凡得罗提出的，"Less is more"（少即是多），最有意境的作品往往不是涂满笔墨的画卷，而是在于一大片留白之中那醒目的几笔。

　　本书作为版式设计者和爱好者必备的资料和手册用书，收集了当今国际及国内众多不同风格的优秀版式作品，主要从专业角度针对不同的知识点进行深入浅出的理论讲解、详尽的作品分析、作品欣赏以及问题分析等。其中，作品分析部分和问题分析部分，针对作品的图形（分析作品中图形的造型方式、特点等）、色彩（对作品进行色彩分析，标出主要色的标准色值）、文字（运用形式美法则对文字的设计进行具体剖析）进行了详细讲解。本书目的是通过书中大量的优秀作品，让读者开拓视野，提高审美品位以及对版式的鉴赏能力；同时，也在实际的版式设计创作中对读者的创意、思路以及表现方式和方法起到指导作用。

本书由彭懋芸执笔，参与编写的还有王忠力、龙星蓓、马杰、孙丹丽、马敏、郑艳琼、周虎、罗华、张杰、邹沁芸、何军、吴盟章、王静、廖成丹、肖丹、王薇、孙善磊、张磊和梁卫等，感谢参与本书写作的所有朋友和同事，是他们的辛勤付出才有了本书的顺利出版。由于笔者能力有限，对书中作品的原作者无法一一核实，如有未标明原作者的图片，敬请原作者谅解。书中图片仅用于鉴赏、分析，在此对书中所引用图片的原作者等表示感谢。

本系列书还包括《好广告》、《好标志》、《好插画》、《好包装》和《好字体》，皆是设计爱好者、相关专业学生和专业设计工作者必备工具书。

编著者

2014年5月

目 录

CONTENTS

Chapter 1 版式设计概述 ⋯⋯⋯⋯⋯ 1

Chapter 2　版式设计的原则和发展 … 25

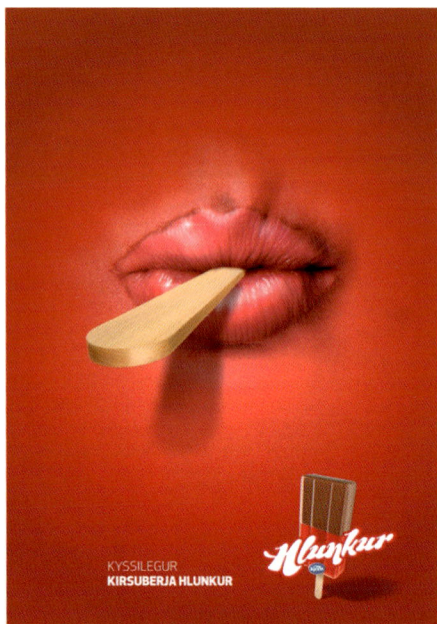

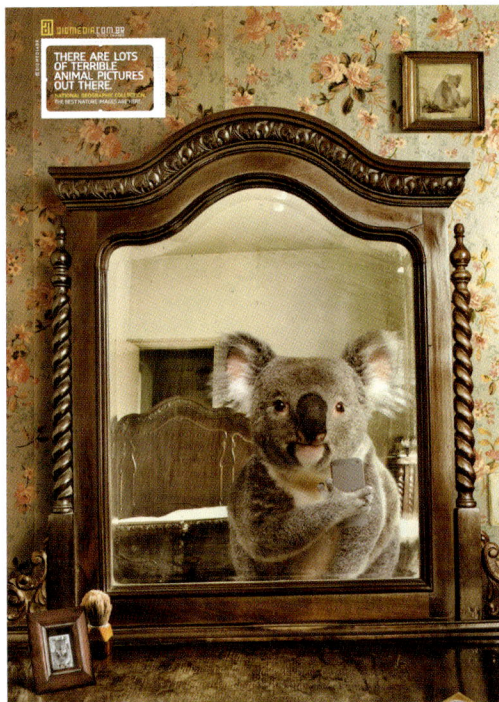

Chapter 3 版式的基本类型 ·········57

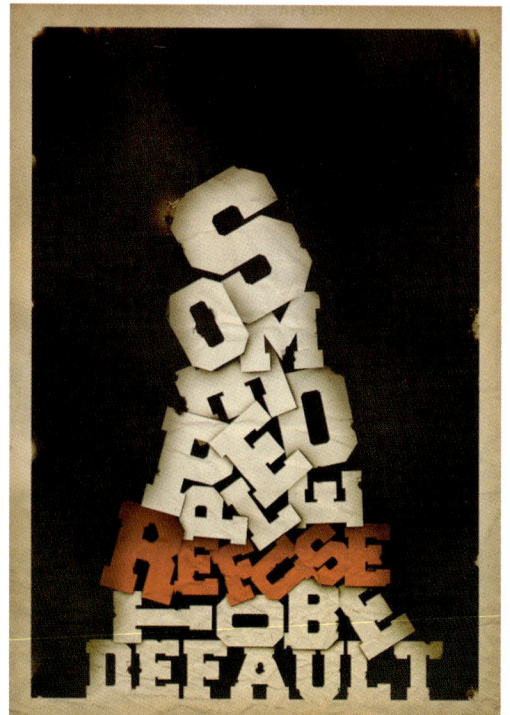

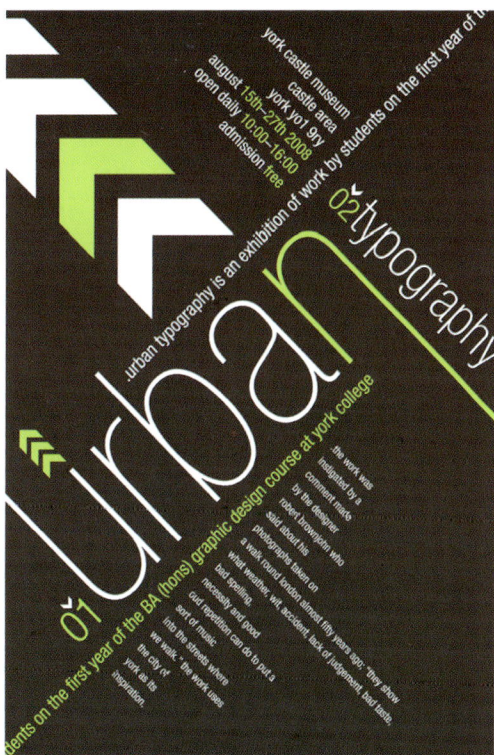

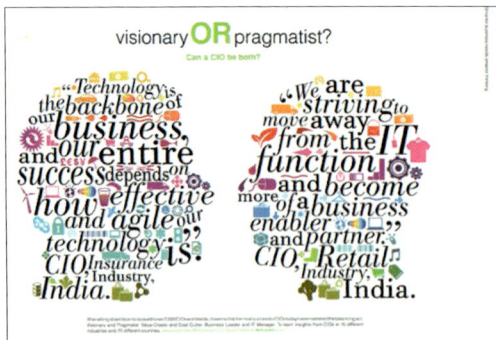

Chapter 4 版式设计的流程••••••••123

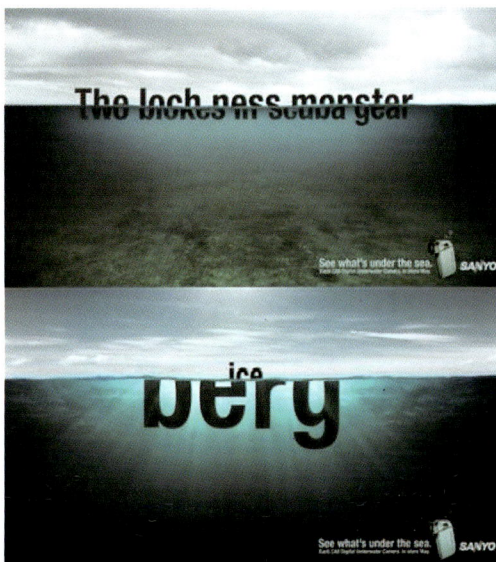

Chapter 5 版式设计的应用········145

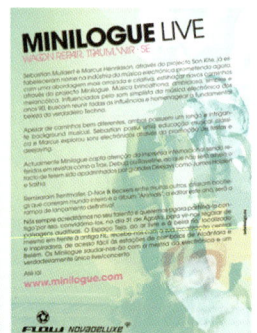

Chapter

版式设计
概述

1

1.1 版式设计的概念和功能

版式设计是平面设计过程中的一个重要环节，是将平面设计的所有元素在版面上进行有组织、有目的的编排，所以版式设计在很多时候又被称为编排设计、版式编排设计。

1.1.1 版式设计的概念

版式设计是指在版面上将有限的视觉元素进行排列组合，将理性思维个性化地表现出来。版式设计是一种具有个人风格和艺术特色的视觉传达方式，在传达信息的同时让观者产生感官上的美感。

版式设计的创意不完全等同于平面设计作品主题思想的创意，它既与作品的主题思想相对独立，又必须服务于其主题思想。优秀的版式设计可以突出作品的主题思想，使之更生动、更具有艺术感染力。

版式设计涉及平面设计的各个方面，包括广告、包装、报纸、杂志、书籍、DM、VI、网页设计等。

国内海报版式

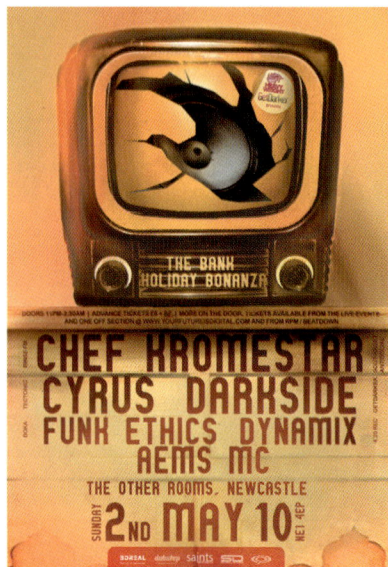

国外海报版式

作品分析

图 形

这是奥美广告公司为IBM公司设计的Smarter Planet——智慧地球系列海报。这一系列海报旨在让更多人认识、关注并投身于这项造福于全人类的活动，汽车与人物的图形同构，形义"双关"，可唤起观者极大的好奇心，从而使画面的视觉传达变得更加顺畅、自然。

色 彩

■ C82 M79 Y71 K51   明亮的黄色搭配稳重的黑色，具有
■ C4 M25 Y97 K0   强烈的视觉冲击力。
□ C0 M0 Y0 K0

文 字

图中的英文意思是，"司机可以提前预见交通堵塞了"。文字通过不同的颜色及字号来区分，采用左对齐的方式放置在右上角，图文关系简单、清楚。

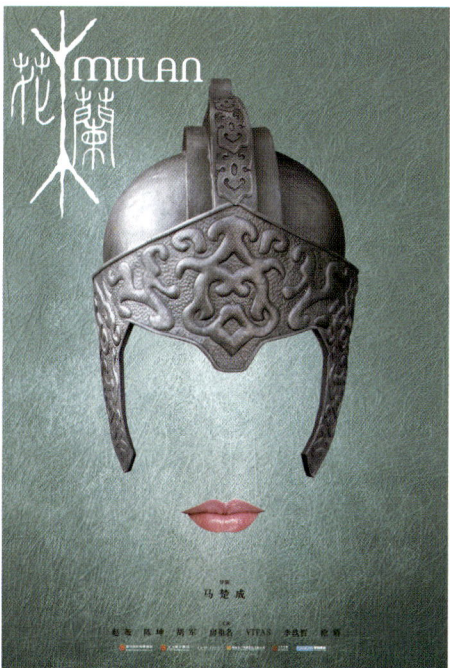

图 形

这是电影《花木兰》的海报设计，具有高度的艺术概括力和人物象征性。木兰的双眼在设计师看来已经是多余，只留给观者去想象。海报将木兰替父从军的主题描绘得非常集中。

色 彩

■ C77 M49 Y53 K25   画面中金属质感的头盔和蓝绿色背
■ C36 M30 Y24 K0   景搭配，表达了金戈铁马的战争场
■ C27 M89 Y57 K11   面，红色双唇揭示了巾帼英雄的柔
□ C0 M0 Y0 K0   情和妩媚。

文 字

左上角片名字体采用小篆的形式，圆润温婉。圆转的字体风格富有装饰感与古典韵味，透出深厚的民族文化底蕴。

作品欣赏

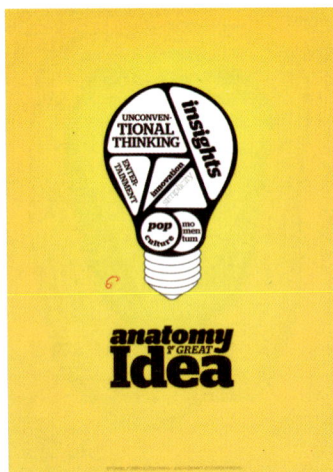

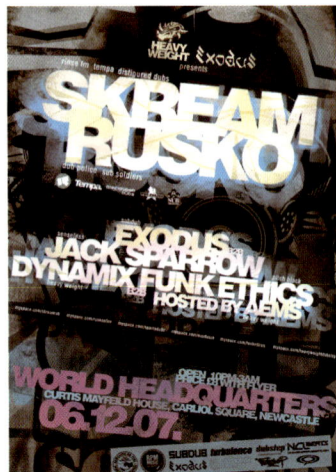

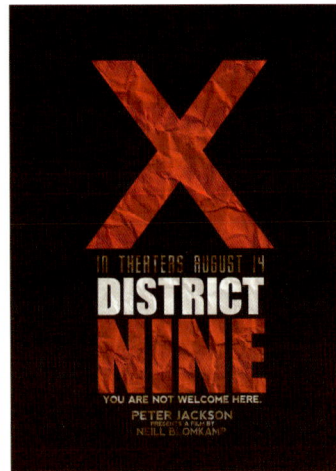

问题分析

图 形

图形排列成组，整齐统一而不乏视觉冲击力。

色 彩

画面色调甜美柔和，暖色系的底色与不同颜色的 Macaroon商品搭配相得益彰。

文 字

文字块排列错落有致，重点突出。主打产品用醒目的颜色和文字标示出来，一目了然。

在设计实践中，再好的创意也需要用精彩的视觉图形图像体现出来。下面就对比优秀原作，将具体设计中容易出现的问题，用图片展现出来，并进行针对性的问题分析。

图 形

画面节奏没有强弱变化，缺少装饰性，主题显得苍白。

色 彩

作为蛋糕商店的网页，冷色调的配色让人毫无食欲，难以产生购买欲望。

文 字

文字排列过于呆板，虽然统一但缺乏重点。

1.1.2 版式设计的功能

警示全球变暖的公益海报

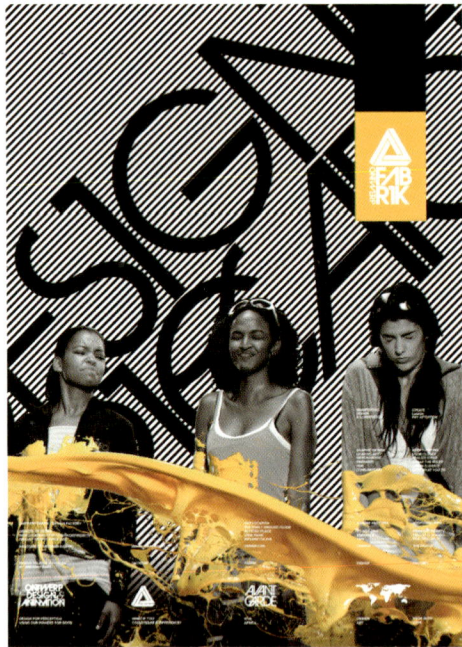

混合·颠覆：Ontwerp.TV平面设计

版式设计使文字、图形或图片等元素以不同形式进行组合，让画面形成一个主题鲜明、张弛有度、主次分明、充满艺术氛围的版面样式。其主要功能如下。

1. 承载信息的功能。版式设计的主要任务是根据信息的内容和审美规律，运用视觉要素和构成要素，将各种文字及图形加以编排组合，从而有效地传播信息。

2. 阅读的诱导功能。人的阅读习惯是有规律可循的，心理学家研究表明：版面的上、中、左部分被认定为"最佳视域"，其次是右边。因此，版式设计必须遵循人类的视觉规律，让读者在自然的视觉移动中，轻松、舒服地阅读内容。

3. 促进购买的功能。好的版式设计具有明显的宣传作用。例如，采用醒目的标题、引人注目的视觉形象和色彩等引起购买者的注意和兴趣，从而促进购买。

作品分析

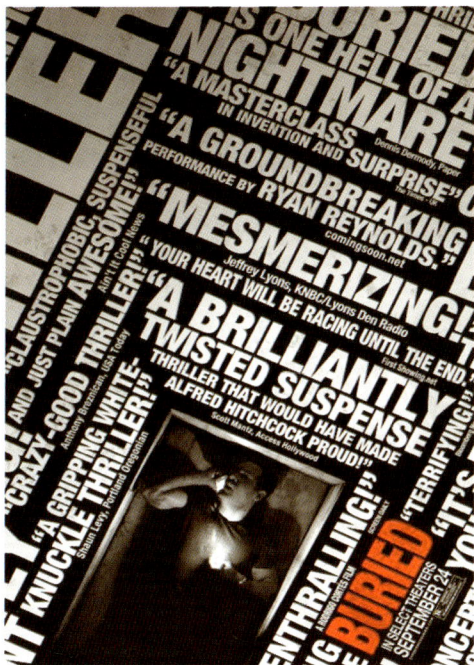

图 形

这是密室电影《活埋》的海报。该构图同影片的内容一样充满着令人窒息的恐惧。

色 彩

■ C75 M68 Y67 K89

□ C25 M20 Y20 K0

■ C12 M99 Y100 K3

沉闷的黑色调营造出惊悚、恐怖的氛围。红色单词"BURIED"为影片的片名，在黑白背景中尤为醒目。

文 字

朝不同方向倾斜的文字营造出的小空间给人压抑和紧迫感。文字的大小与留白构成了黑、白、灰的空间层次感。

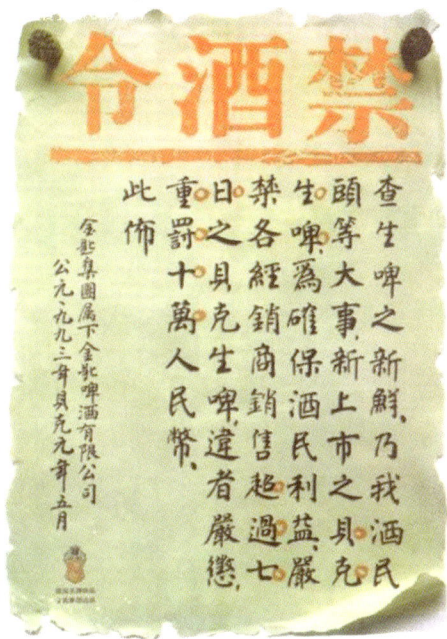

图 形

这是上海奥美广告公司设计的贝克啤酒广告。将广告信息用规范的公文形式表现出来，产生了一种独特的说服力。受众在会心一笑间，领悟到创意者所提供的幽默玄机，令人印象深刻。

色 彩

□ C26 M8 Y44 K0

■ C68 M62 Y63 K55

■ C7 M64 Y93 K0

文案借用了公文中"令"的写作形式和色彩，使人感受到贝克生啤制造商在推出这一营销新举措时的严肃、认真的态度。

文 字

整个广告文案采用具有中国传统特色的楷书字体，句子结构简要、语言表达严谨正式。

作品欣赏

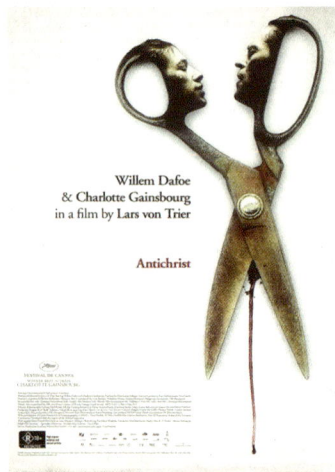

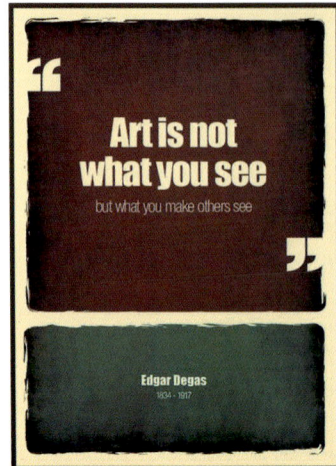
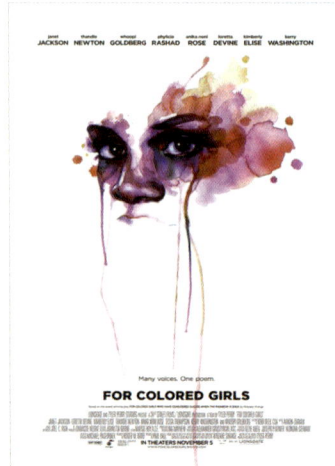

作品欣赏

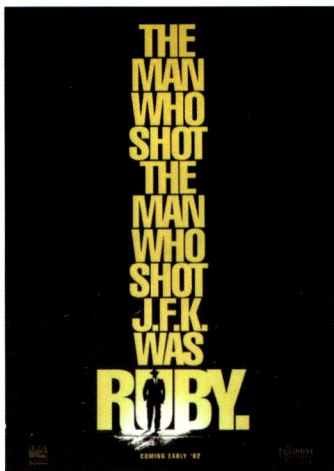
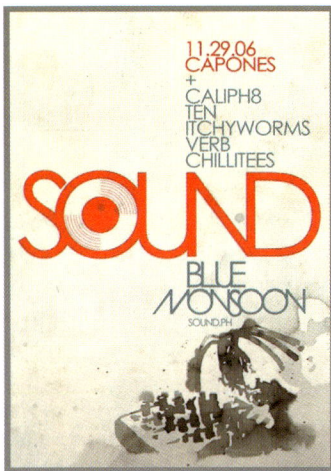
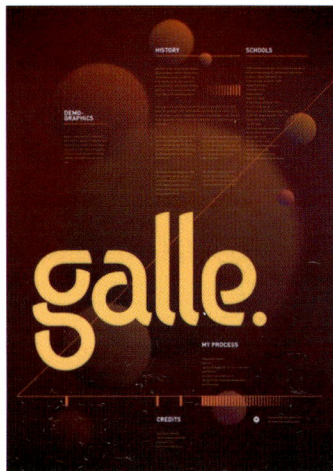
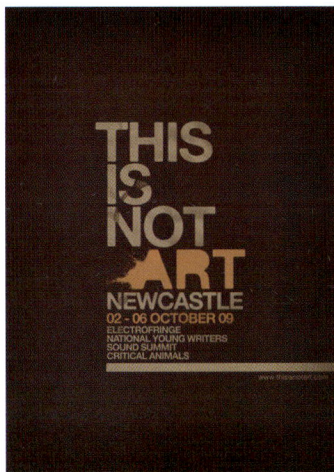

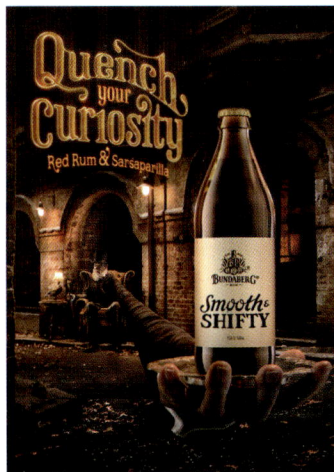

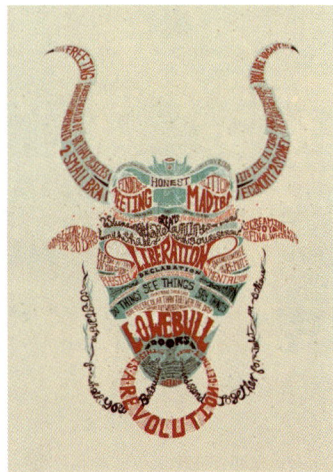

问题分析

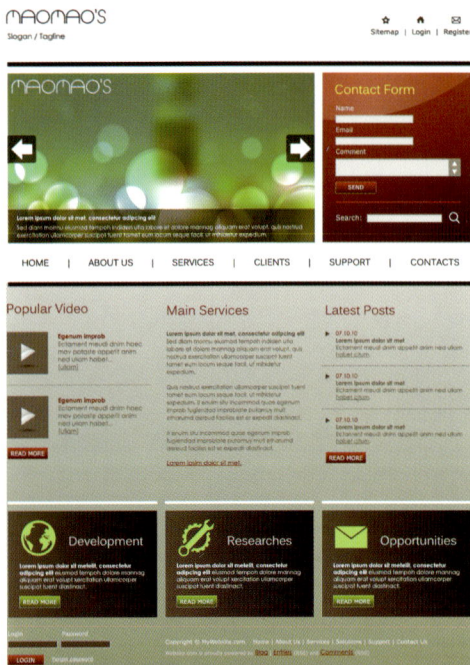

图　形

为网页建立了一个合适的网格，用来帮助内容结构化，让对象产生秩序感。

色　彩

灰绿色的背景和图片相呼应，使画面显得协调均衡。

文　字

文字分三栏，规则有序地排列，图文关系条理清晰，起到了很好的信息传达效果。

　　在设计实践中，再好的创意也需要用精彩的视觉图形图像体现出来。下面就对比优秀原作，将具体设计中容易出现的问题，用图片展现出来，并进行针对性的问题分析。

图　形

网页几个功能板块的分区含混不清。

色　彩

三个色块之间相互没有联系，在深色背景上的灰色文字阅读起来比较吃力。

文　字

文字缺乏生动感及严谨的分栏，读者难以快速直接地浏览所需信息。

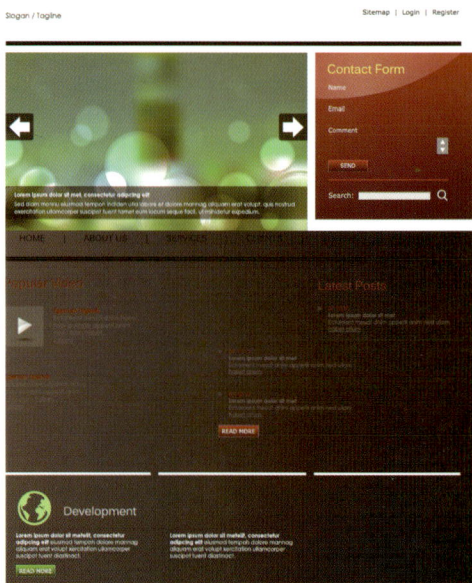

1.2 版式设计的三大视觉要素

文字、图形、色彩是版式设计中最基本的视觉要素，它们有着各自不同的功能和作用。

1.2.1 文字

文字是传达思想、交流信息的符号，作为主要设计元素，已越来越多地成为一种有效的形式语言与表现手段。

文字设计的成功与否，不仅在于选择哪种字体，同时也在于文字的排列组合是否得当。如果一件作品中的文字排列不当、拥挤杂乱，缺乏视线流动的顺序，不仅会影响字体本身的美感，也不利于观众有效地阅读，难以产生良好的宣传效果。要取得良好的排列效果，关键在于找出不同字体之间的内在联系，对其不同的对立因素进行和谐的组合，在保持其个性特征的同时，又取得整体的协调感。可以从风格、大小、方向、明暗度等方面选择对立的因素，赋予审美情感，诱导人们的阅读兴趣。

英文字母版式

作品分析

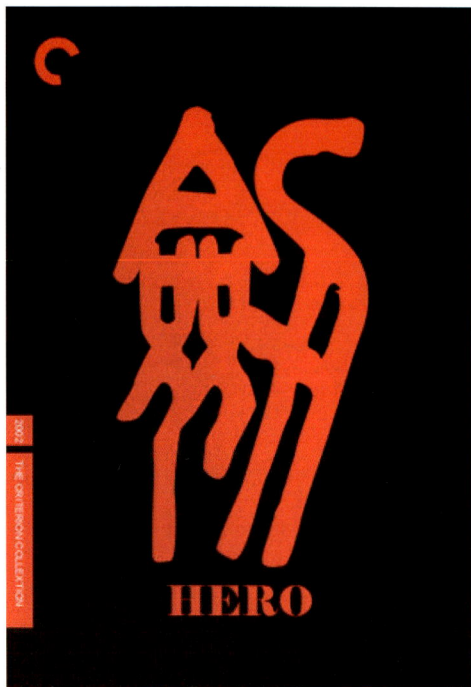

图 形

这是电影《英雄》的一则概念型海报，电影的故事背景是在战国末期，当时正是以大篆为主要字体。海报以篆体"剑"字为主体，表现出中国传统文化的内涵。

色 彩

■ C75 M68 Y67 K90
■ C6 M98 Y96 K0
□ C0 M0 Y0 K0

深深的红黑色形成对比，与电影画面中的色调相吻合，具有强烈的视觉冲击力。

文 字

海报中大篆体"剑"字，行笔圆转、气韵通畅、意境深远，传达了电影的主题精神。

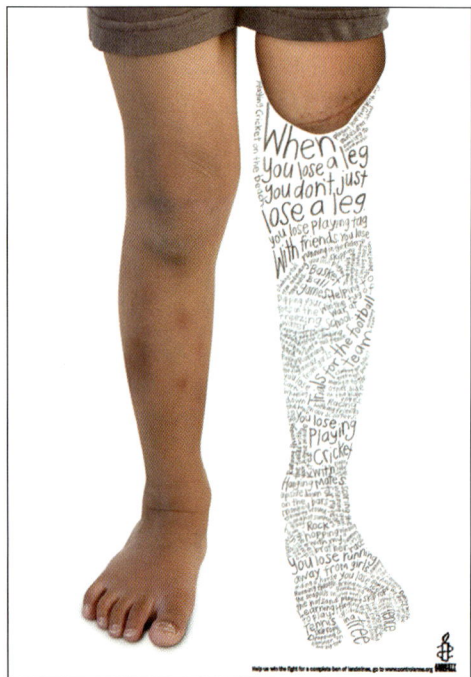

图 形

这是关于残疾人的公益海报。用文字排列构成其中一条有残疾的下肢，形成对称式构图，两条腿的强烈对比给人视觉上的震撼效果。

色 彩

■ C53 M61 Y67 K42
■ C20 M51 Y65 K2
■ C30 M24 Y28 K0
□ C0 M0 Y0 K0

排列不同方向和大小的文字，形成黑色或灰色的块面，增加了图形的整体感。

文 字

字体在设计中起到了画龙点睛的效果，让版面更加生动，给人留下很深刻的印象，让人更有兴趣去阅读那些本来枯燥的文字。

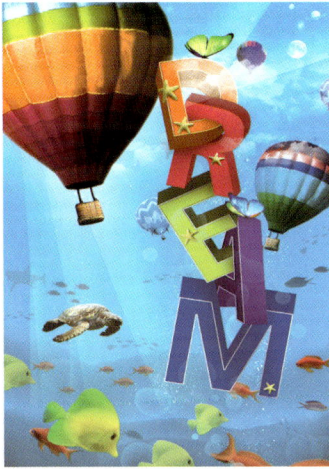
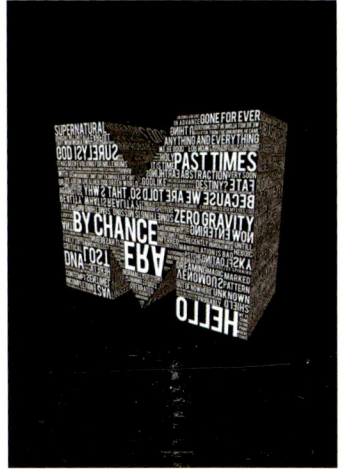
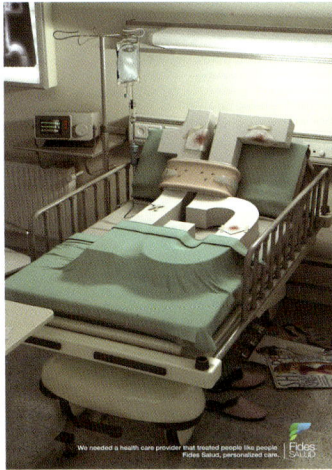
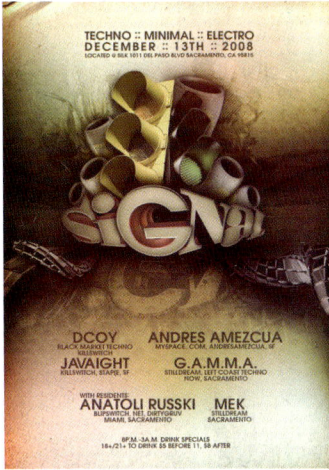

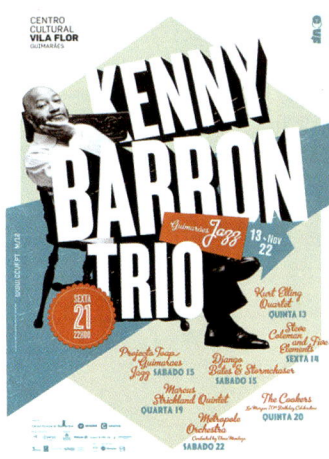

问题分析

图 形

版面中各元素疏密有致，好比音乐作品里的节拍，充满节奏感及韵律感。

色 彩

色彩充满节日的喜庆，欢快却不让人眼花缭乱，海报下方灰色和白色的色块使得文字更方便阅读。

文 字

文字使用了彩色渐变的立体字效果，时尚、夺目。用叹号"！"代替"BIG"中的字母"I"，突出了打折信息的震撼力度。

在设计实践中，再好的创意也需要用精彩的视觉图形图像体现出来。下面就对比优秀原作，将具体设计中容易出现的问题，用图片展现出来，并进行针对性的问题分析。

图 形

各个图形平均分布，无疏密关系，海报主题不够突出。

色 彩

标题文字的紫色与背景图形的颜色相冲突，海报下方的文案搭配使紫灰色背景显得不够清晰。

文 字

标题部分的黑体字过于平淡，缺乏点睛之笔。左下方的三排文字采用左对齐的方式显得比较松散。

1.2.2 图形

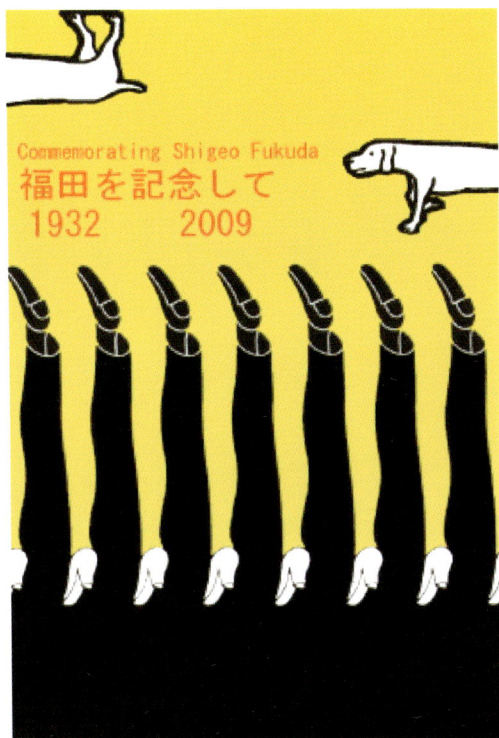

设计师福田繁雄的招贴设计

表现主义和野兽派 (上) / 波普艺术和新现实主义 (下)

在版式设计中图形具有视觉和导读效果两大功能。图形先于文字，文字源于图形，二者相互交融，构成书籍、招贴、报刊等各种类型的版面。

图形在版式设计中，占有很大的比重，具有强于文字的视觉冲击力，能够真实、准确地传达信息。图形的版式设计内容包括：图形的位置、面积、方向、形式、编排等。

图形大致可分为：方形图、退底图、出血图、异形图四种类型。

版面中，图形的面积大小不仅影响版面视觉效果，还直接影响情感的传达。图形在视觉传达上能辅助文字，帮助理解，更可以使版面立体、真实，使本来平淡的事物变成强有力的诉求性画面，大大提升作品的创造性。

作品分析

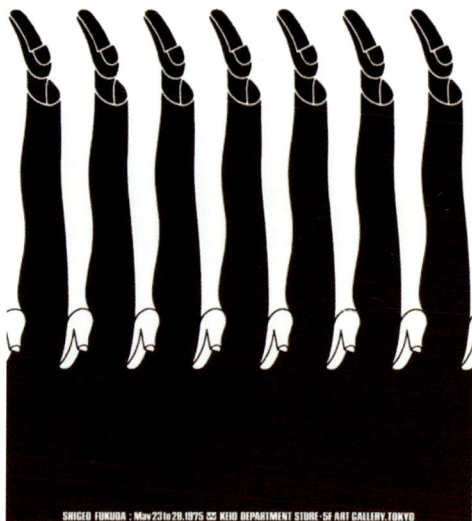

SHIGEO FUKUDA : May 23 to 28.1975 四 KEIO DEPARTMENT STORE·5F ART GALLERY.TOKYO

图 形

这是日本设计师福田繁雄于1975年创作的京王百货宣传海报，作品巧妙利用黑白、正负形成男女的腿部轮廓，上下重复并置，形成互生互存的错视效果。

色 彩

□ C0 M0 Y0 K0

■ C75 M68 Y67 K89

黑色"底"上白色女性的腿与白色"底"上黑色男性的腿虚实互补，互生互存，创造出简洁而有趣的效果。

文 字

整个版式以图形为主，文字简洁。这种图底关系为"正倒位图底反转"。作品中的男女腿元素，也成为福田海报中有代表性的视觉符号。

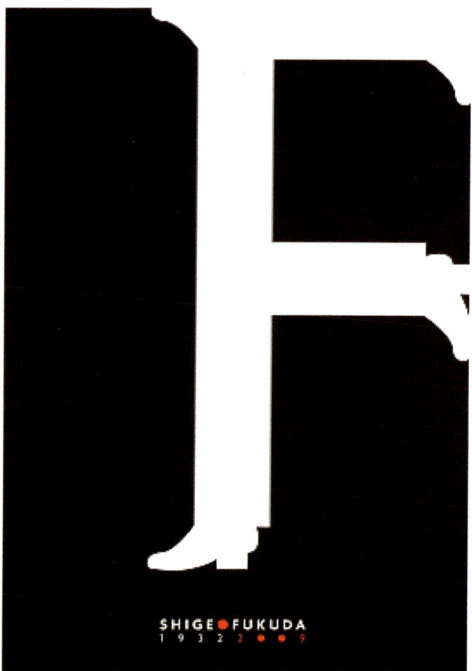

SHIGE●FUKUDA
1932 2●●9

图 形

这是福田繁雄的 F 海报系列，主画面为福田名字的首字母"F"，针对该字母进行变化，是其异质同构类作品中的代表。

色 彩

■ C75 M68 Y67 K90

■ C10 M96 Y85 K0

□ C2 M2 Y2 K0

黑白的色彩表现形式简单有效，舍弃一切没有必要的颜色，使作品主题释放出简洁明快、又具有视觉引力的特性。

文 字

以"F"为基本型，人物的腿部和字母F同构，紧扣设计主题，富有幽默情趣，引人入胜。

作品欣赏

问题分析

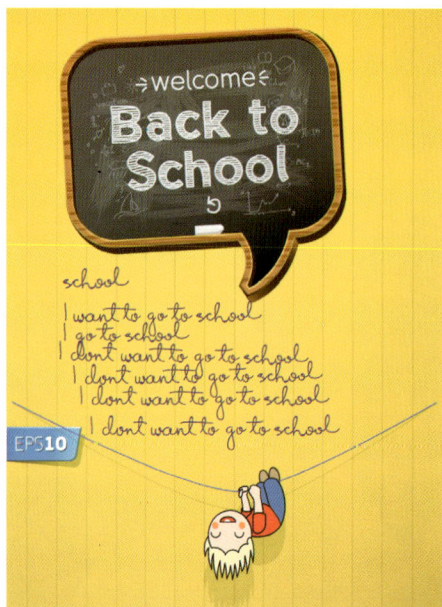

图 形 •

画面饱满而不显得拥挤,黑板上的一些涂鸦元素充满了细节感,使画面显得非常生动。

色 彩

色彩更丰富,搭配得当,符合学生的审美心理。

文 字

黑板中的文字采用手写体粉笔字的形式,增添了更多趣味性。

在设计实践中,再好的创意也需要用精彩的视觉图形图像体现出来。下面就对比优秀原作,将具体设计中容易出现的问题,用图片展现出来,并进行针对性的问题分析。

图 形 •

画面空洞,主体图形较小,缺乏表现力。

色 彩

整个画面缺乏亮色,对于一张新学期来临的欢迎海报来说,显得死气沉沉。

文 字

左上角黑板中的文字采用黑体,缺乏创意。

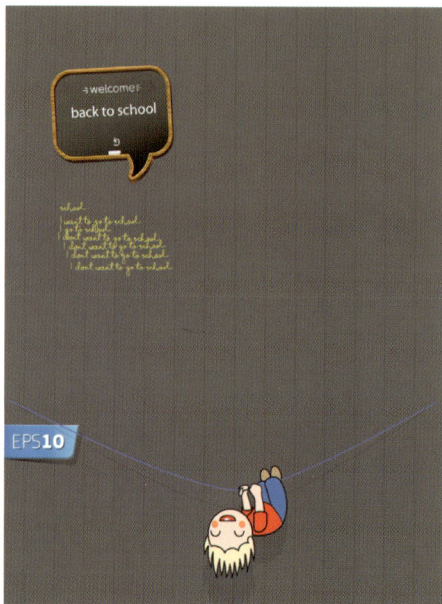

1.2.3 色彩

　　较之图文，色彩具有更感性的识别性能，对人的心理影响更为直接。现代商业设计对色彩的应用更是上升至"色彩行销"的策略，成为产品促销、品牌塑造的重要手段。

　　色彩涉及美学、光学、心理学和民俗学等，心理学家近年还提出了许多色彩与人类心理关系的理论。他们指出每一种色彩都具有象征意义，当视觉接触到某种颜色，大脑神经便会接收色彩传递的信号，即时产生联想。例如，红色象征热情，因为看见红色能令人心情兴奋；蓝色象征理智，因为看见蓝色能使人冷静下来。经验丰富的设计师，往往能借助色彩，勾起一般人心理上的联想，从而达到设计的目的。

C83	M73	Y54	K62		C100	M74	Y26	K9		C80	M29	Y10	K0
C76	M65	Y44	K29		C79	M46	Y14	K0		C63	M7	Y0	K0
C41	M28	Y25	K0		C40	M15	Y7	K0		C22	M0	Y0	K0

C75	M43	Y95	K40		C84	M12	Y100	K10		C66	M6	Y100	K17
C62	M29	Y74	K10		C59	M4	Y63	K0		C50	M1	Y80	K0
C23	M9	Y27	K0		C20	M1	Y24	K0		C18	M0	Y28	K0

C16	M100	Y100	K7		C7	M90	Y100	K1		C7	M70	Y100	K1
C0	M82	Y58	K0		C0	M63	Y78	K0		C4	M40	Y69	K0
C2	M34	Y20	K0		C1	M35	Y36	K0		C1	M11	Y23	K0

C30	M99	Y100	K39		C59	M98	Y16	K3		C90	M100	Y19	K7
C14	M83	Y52	K1		C31	M54	Y10	K0		C48	M54	Y9	K0
C5	M42	Y11	K0		C12	M20	Y4	K0		C20	M21	Y5	K0

版式设计中的常用配色方案

澳柯玛风扇广告

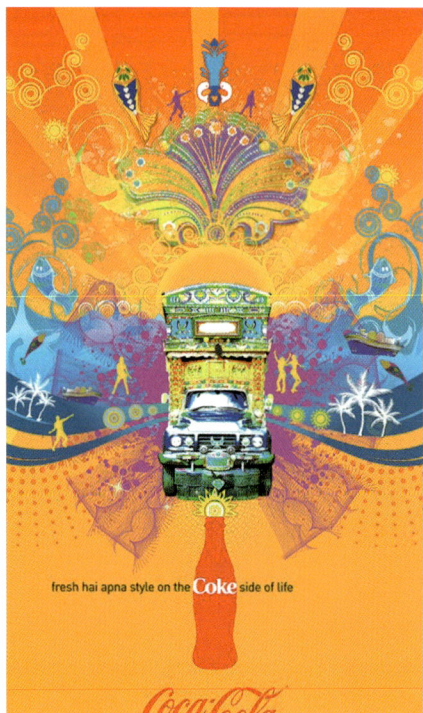

可口可乐系列海报

红色 代表热情、活泼、热闹、温暖、幸福、吉祥
橙色 代表光明、华丽、兴奋、甜蜜、快乐
黄色 代表明朗、愉快、高贵、希望
绿色 代表新鲜、平静、和平、柔和、安逸、青春
蓝色 代表深远、永恒、沉静、理智、诚实、寒冷
紫色 代表优雅、高贵、魅力、自傲
白色 代表纯洁、纯真、朴素、神圣、明快
灰色 代表忧郁、消极、谦虚、平凡、沉默、中庸、寂寞
黑色 代表崇高、坚实、严肃、刚健、粗莽

　　在版式设计中，从草图开始就应该策划如何运用色彩，而不是到最后再考虑。借助色彩可以把版式中各个级别的信息分区连接起来。色彩应用要和谐统一，独特的色彩组合能达到与众不同的效果。在版式设计中，颜色不宜太多，否则将增加受众在一大堆色彩中解读、辨认信息的难度。

作品分析

图 形

这是电影 *Red Sonja* 的宣传海报，在视觉形式的要素中，色彩和光影是最富有感官刺激的语言形式。三角形构图主次分明、简洁明了，能达到快速传达海报信息的目的。

色 彩

■ C76 M64 Y62 K62

■ C11 M98 Y100 K2

■ C16 M8 Y9 K0

■ C4 M13 Y14 K0

在黑、白、灰的衬托下，主角的红发更加鲜艳夺目，成为画面的视觉焦点和趣味中心。

文 字

红色的标题文字放置在版面正下方，与上方人物头发的红色相呼应，形成统一的风格。

图 形

这是电影 *Black Swan* 的宣传海报。同样是三角形构图，飘散的黑色羽毛既突出了主题又打破了正三角形的沉闷。巧妙地运用配色与形状这两种元素，打造出了极具律动美的视觉效果。

色 彩

■ C75 M68 Y67 K90

■ C48 M100 Y100 K2

□ C0 M0 Y0 K0

以黑、白为基调，再用红色作为点缀，蕴涵着主题信息，鲜明而有力度。

文 字

与大多数电影海报一样，文字采用居中对齐的排版方式。编排严谨中又有自由、内容充实。

作品欣赏

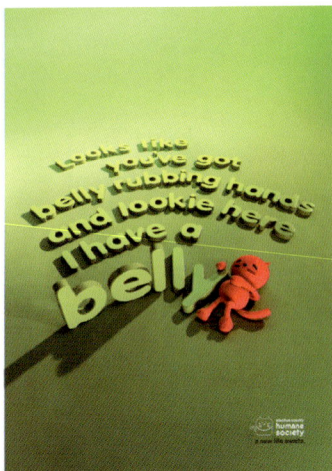

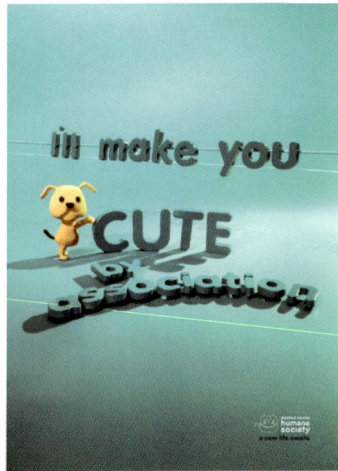
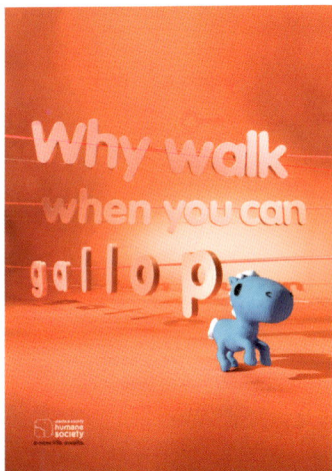
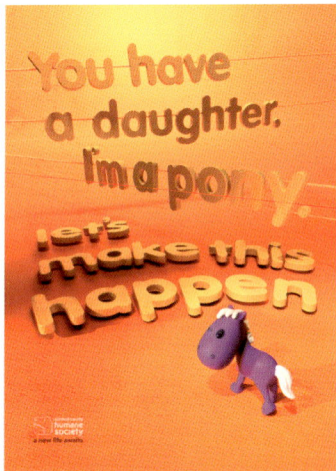
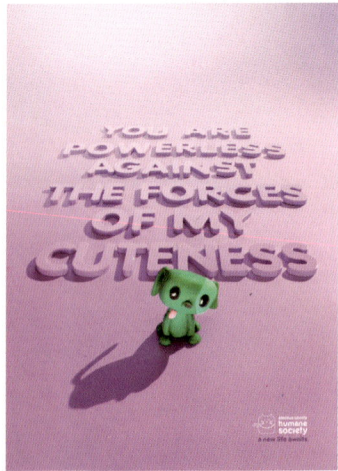
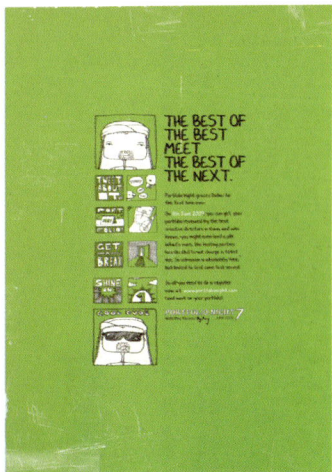
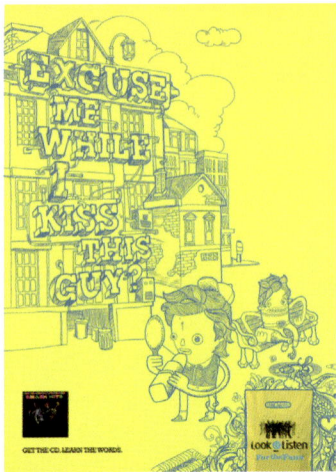
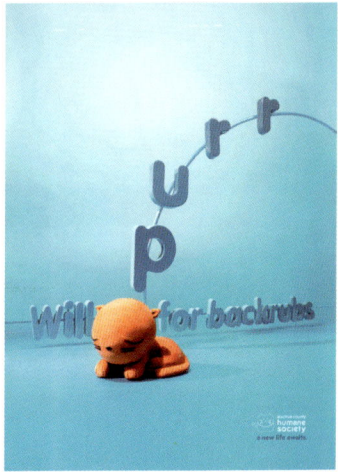

问题分析

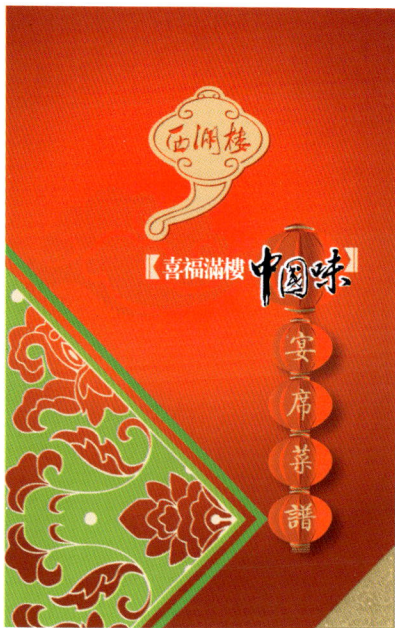

图 形

代表餐馆品牌的LOGO位于画面中央，祥云等极具传统文化韵味的元素作为装饰，使整个版面洋溢着浓郁的中华文化内涵，艺术观赏性更强。

色 彩

这款包装的色彩用的是"总体协调，局部对比"原则。大面积的红色搭配小面积的绿色，达到了锦上添花、事半功倍的效果。

文 字

选择具有中国传统特色的行书和粗宋体作为主要字体，突显了餐馆的中国特色，将中国的传统文化元素与现代版式设计理念完美结合。

在设计实践中，再好的创意也需要用精彩的视觉图形图像体现出来。下面就对比优秀原作，将具体设计中容易出现的问题，用图片展现出来，并进行针对性的问题分析。

图 形

作为菜谱的封面，餐馆的品牌LOGO不够突出，也没有彰显出传统文化的底蕴。

色 彩

同等大小的红色条和绿色条平均分布，对比太强烈，两种颜色不分主次，比较平庸，显得较"俗"，令人产生视觉上的不适应感。

文 字

"中国味"三字选用黑体缺少传统韵味，与其要表达的意境不相符。

版式设计的原则和发展

2.1 版式设计的原则

版式设计不能像绘画创作那样以表现内心情感为首要目的，而应该根据版式本身的功能性要求，遵守版式设计的三个原则：主题鲜明突出，形式与内容统一，强化整体布局。

2.1.1 主题鲜明突出

Barilla新年快乐广告 （意大利）

田中一光海报设计 *Nihon Buyo* （日本）

版式设计的最终目的是使版面产生清晰的条理性，使人赏心悦目，以更好地突出主题，达到最佳诉求效果。按照主从关系的顺序，主体形象突出并成为视觉中心，以此表达主题思想。它提示读者哪里是重要的信息，在哪里能获得重要的信息。

在设计时应围绕主题，对文本信息进行提炼，将相互关联的内容归为一类，依信息主次建立信息等级，并建立明确的分区和导向，便于读者在阅读过程中清晰明确地掌握信息。注意在主体形象四周适当留白，使被强调的主体形象更加鲜明突出。

作品分析

图 形

这是墨西哥海湾污染海报中的比基尼篇，是一则来自法国的公益广告。近年来，从墨西哥湾到渤海湾，漏油事件层出不穷。身着"石油比基尼"的女子，试图用另类的性感来呼吁大家关注海洋污染，保护海洋环境。

色 彩

■ C72 M36 Y7 K0
□ C36 M15 Y11 K0
□ C4 M24 Y34 K0
■ C66 M57 Y80 K66

以海滩清爽的蓝色调为主色，湛蓝之中人物身上不太协调的黑色立刻成为视觉中心。

文 字

采用 2011版月历的形式，每一页图片配以当月的月历，每一个代表月份的单词以黑体字呈现，并处理成流淌的石油效果，文字与图形自然结合在一起。

图 形

这是一则美的节能灯广告。画面中心一只大腹便便的灯泡使得椅子不堪重负。拟人化的表现手法诙谐幽默。放大的主体形象成为视觉中心，以此来表达主题思想。

色 彩

□ C8 M6 Y9 K0
□ C17 M20 Y31 K0
■ C43 M34 Y38 K2
■ C71 M61 Y63 K55

高明度的色调显现出美的灯泡照明节能的卓越性能。在主体形象四周增加留白，使被强调的主体形象更加鲜明突出。

文 字

倾斜排列的文字是整个画面的点睛之笔，突出了主题——马上换成美的节能灯，它比一般白炽灯节省80%的电量。

作品欣赏

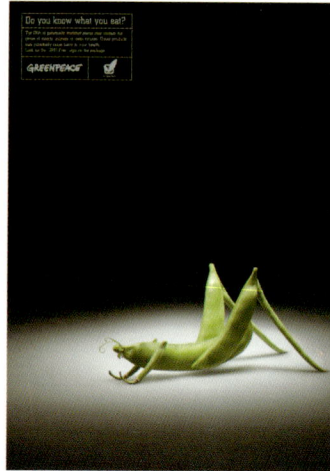
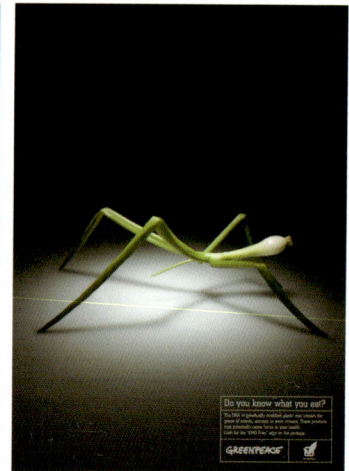

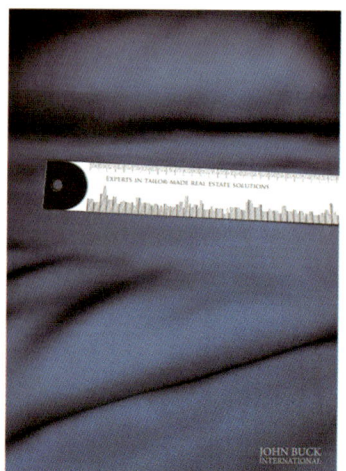

问题分析

精彩原作

图 形

海报所宣传的主题商品放于画面的上半部分并做放大处理，效果非常醒目。

色 彩

使用了不同层次的蓝色并做渐变处理，衬托出主体——红色高跟鞋。

文 字

打折信息文字被放置在主体左侧，字号相对较大，一目了然。下半部分的文案分为两栏左对齐，空间感很强，易于识别。

　　在设计实践中，再好的创意也需要用精彩的视觉图形图像体现出来。下面就对比优秀原作，将具体设计中容易出现的问题，用图片展现出来，并进行针对性的问题分析。

图 形

三个图形平均摆放，缺乏重点。上半部分的构图过于松散。

色 彩

大面积的红色容易造成视觉疲劳，且无层次感。

文 字

作为商品促销海报，打折信息文字较小，不够醒目，且放置在右上角容易被忽略。

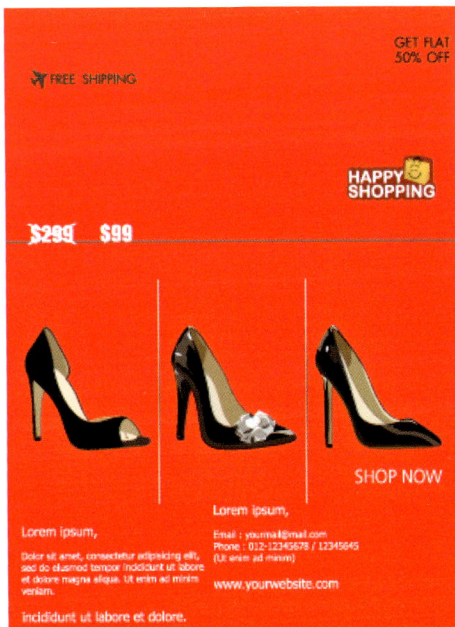

问题作品

2.1.2 形式与内容统一

伊莱克斯吸尘器广告1（中国）

伊莱克斯吸尘器广告2（中国）

任何设计都有一定的内容和形式。设计内容是指它的主题、形象、题材等要素的总和，形式就是它的结构、风格或设计语言等表现方式。一个优秀的设计必定是形式与内容的完美结合。一方面，设计所追求的形式美必须适合主题的需要，这是设计的前提。只追求花哨的表现形式以及过于强调"独特的设计风格"而脱离内容，或者只求内容而缺乏艺术的表现，都会使作品变得空洞无力。设计者只有将这两者有机地统一起来，深入领会主题的精髓，再融合自己的思想感情，找到一个完美的表现形式，才能体现出版式设计独具的分量和特有的价值。另一方面，要确保版式设计中的每一个元素都有存在的必要，不要为了炫耀而使用冗余的技术，那样得到的效果可能会适得其反。只有通过认真的设计和充分的考虑，才能提升全面的功能并体现美感，实现形式与内容的统一。

作品分析

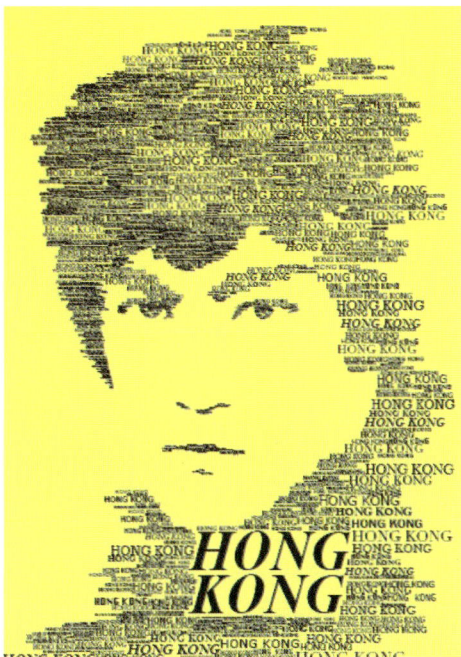

图 形

这是"向我们展示你的字体" 2010香港展海报，以字体和城市为主题。文字图形化的运用是现代海报设计中不可或缺的一部分，它不仅加速了海报的信息传递速度，也赋予了文字一种大众化的意义。

色 彩

■ C6 M3 Y91 K0

■ C62 M68 Y46 K29

黄色的底色配上黑色文字，简洁明快。

文 字

不同大小和疏密的"HONK KONG"组成中国香港具有代表性的人物李小龙的头像。文字图形化使得海报的宣传不受语言、地域、文化的阻隔。

图 形

这是一家埃及家乐福店的打折促销广告。被剪刀剪去一半的商品条码形象地说明了"半价优惠"这一宣传主题。

色 彩

■ C33 M41 Y75 K7

■ C75 M68 Y67 K90

■ C85 M86 Y30 K16

■ C12 M100 Y100 K3

采用了商品包装牛皮纸色作为主色调，代表便宜的商品。黑色的条码非常具有视觉冲击力。

文 字

左下角的英文用小号字体提示了打折信息的时间和力度。

作品欣赏

Buildings bring down their own energy costs.

IBM

Any child can access a first-class education.

IBM

Now food can tell you how fresh it is.

IBM

In India, tiny loans can make an even bigger difference.

IBM

Now every doctor knows you personally.

IBM

Banks now hold up robbers.

IBM

Police see emergencies before they emerge.

IBM

Trains now queue for passengers.

IBM

Shirts can pick a tie for you.

IBM

问题分析

图 形

画面中家电被摆放于中间，导航栏位于侧面，形式不乏新颖感，整个背景框也和电器的属性非常吻合。

色 彩

背景和商品采用同色系的蓝色，柔和协调。适当穿插小面积的红色使导航栏更为醒目。

文 字

介绍商品的文案放在画面中心商品的上方，和商品的关联性很强。

精彩原作

在设计实践中，再好的创意也需要用精彩的视觉图形图像体现出来。下面就对比优秀原作，将具体设计中容易出现的问题，用图片展现出来，并进行针对性的问题分析。

图 形

商品从左至右陈列使画面看上去生硬呆板。导航栏放置在顶端缺乏新意。形式美感与内容脱离使作品空洞、刻板。

色 彩

渐变的背景色显得比较"花"，与商品缺乏关联性。

文 字

几段文字随意排列，毫无指向性，消费者很难看懂所要描述的商品性能。

问题作品

2.1.3 强化整体布局

M&M´s 巧克力豆海报1（澳大利亚）

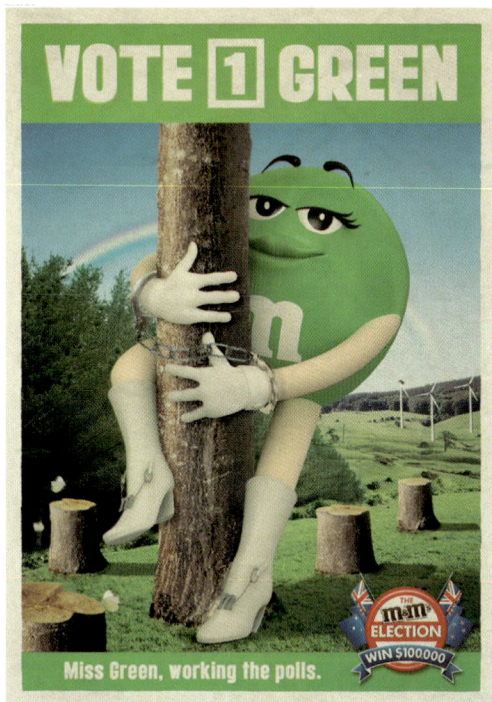

M&M´s 巧克力豆海报2（澳大利亚）

　　强化整体布局是指将版面的各种编排要素在编排结构及色彩上做整体设计。简单地说也就是强调整体性。

　　获得版面的整体性，可以从以下三方面着手。

　　1. 加强整体结构组织和方向视觉秩序。如水平结构、垂直结构、斜向结构、曲线结构。

　　2. 加强文案的集合性。将文案中多种信息组合成块状，使版面具有条理性。

　　3. 加强展开页的整体性。无论是产品目录的展开页，还是跨页，均在同视线下展示。

因此，只有加强整体性才会获得更好的视觉效果。

作品分析

图 形

这是Hlunkur冰激凌广告。吃完的冰棒搭配嘴唇的图形让人充满食欲。冰棒45°的倾斜打破了原有对称型画面的沉闷。

色 彩

- C20 M100 Y100 K11
- C4 M93 Y48 K0
- C6 M26 Y47 K0
- C0 M1 Y2 K0

背景的红色和画面中心的红唇色彩上整体统一，暖色调让消费者产生强烈的购买欲望。

文 字

如融化的巧克力般流淌的字体与冰激凌的图形完美结合。

图 形

这是雷达杀虫剂广告。整体策划成一张乐谱的布局，音符象征着蚊虫，喷洒过后的画面显现出杀虫剂无与伦比的效果。

色 彩

- C15 M15 Y17 K0
- C75 M68 Y67 K89
- C52 M25 Y9 K0

做成乐谱的纸张背景保留了纸张的质感和色彩，搭配的是黑色的五线谱和音符，整体非常协调。

文 字

该广告文案就是一首乐曲 The Flight of the Bumblebee（野蜂飞舞）。让普通得不能再普通的杀虫剂也表现出了诗一般的优雅情调。

作品欣赏

作品欣赏

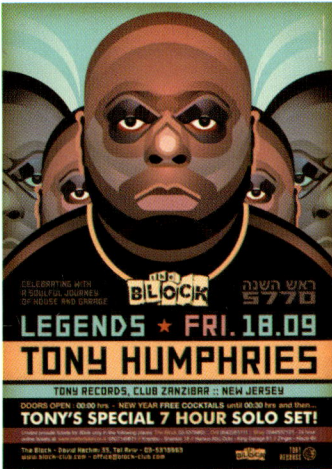

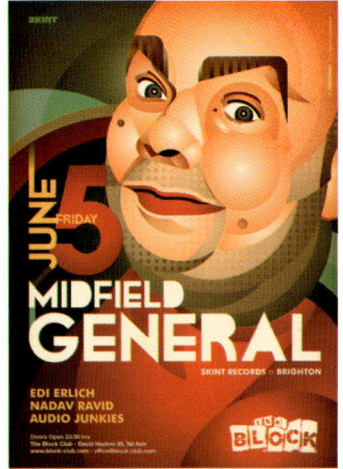

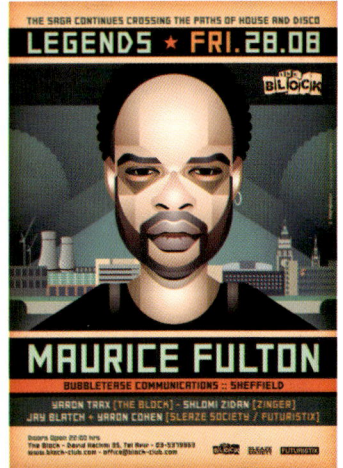

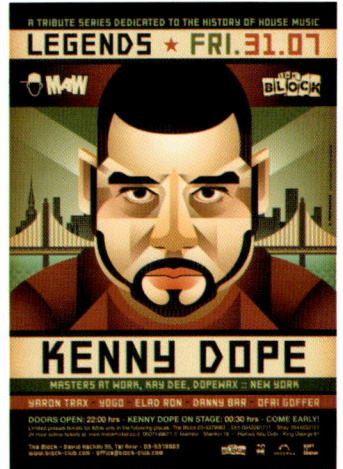

问题分析

精彩原作

图 形

画面跳跃鲜明而不乏整体感。几种商品风格一致，更加突出主题。

色 彩

采用粉色作为主色调，符合冰激凌的产品特色，风格甜美温馨。

文 字

使用充满童趣的卡通字体并描边，稍朝向右上方倾斜排列，画面显得活泼轻快。

在设计实践中，再好的创意也需要用精彩的视觉图形图像体现出来。下面就对比优秀原作，将具体设计中容易出现的问题，用图片展现出来，并进行针对性的问题分析。

图 形

海报缺乏主要商品直观图片展示，难以吸引消费者注意。

色 彩

作为一张冰激凌店的宣传海报红色背景显得较为刺眼，不能突出清凉的感觉。

文 字

商品菜单的文字字号过大，排列方式较为呆板严肃。

问题作品

2.2 版式设计的发展

版式已成为世界性的视觉传达语言。版式设计的发展过程中始终追求采用简单明晰的字体、图形和符号，以达到打破民族间的语言隔阂，加快信息传达的目的。

2.2.1 强调创意

任何一个时期的设计艺术都强调设计的思想性、创意性。创意是设计的灵魂，没有创意的设计是空洞平淡的。版式设计中的创意为两种，一是针对主题思想的创意，如明喻、暗喻等思想创意；二是版面编排设计的创意。版式设计是将主题思想的创意与编排技巧相结合的表现，已成为现代编排设计的发展趋势。

在版面编排的创意中，文字的编排具有强大的表现力，它生动、直观，富于艺术的表现与传达。文字具有积极的参与性和创意表现性，它可与图形达成最佳配置关系来共同表现思想及情感。

安全驾驶公益海报

癌症筹款海报

作品分析

图形

这是Diamond 咖啡广告。图形和构图方式夸张，6个小学生重叠在校车司机肩膀上，放置在图片中轴线位置，传达出的主题是：你有压力，我也有压力！现在可不能犯困，来杯咖啡提提神吧！

色彩

- ■ C38 M33 Y29 K0
- ■ C75 M69 Y65 K84
- ■ C73 M58 Y12 K0

灰色调的底色和图片充分说明了"压力"这一主题。右下方的蓝色咖啡包装盒在灰色背景中显得非常突出。

文字

英文广告词的意思是，"所有人都需要你保持清醒"，使用了立体字效果，使白色的文字更为清晰，具有现代感，同时又便于阅读。

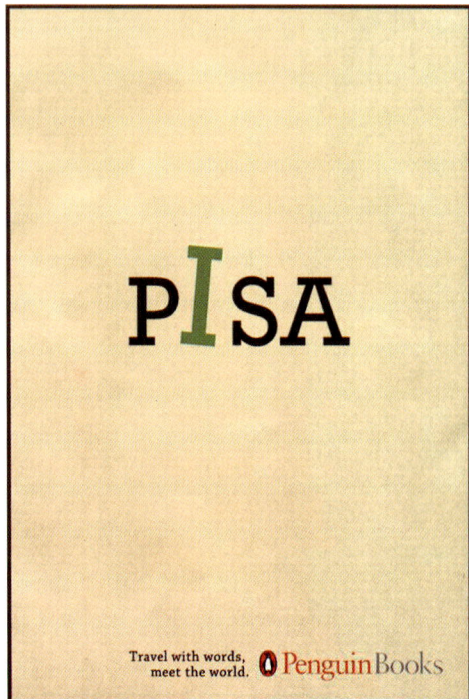

图形

这是巴西的Penguin Books广告，意思是跟着文字去旅行。画面中图形和文字合二为一，一语双关。PISA代表比萨斜塔，同时字母"I"设计成倾斜状展示出比萨斜塔的特色，令人身临其境。

色彩

- ■ C6 M11 Y34 K0
- ■ C62 M63 Y75 K68
- ■ C69 M32 Y91 K17
- ■ C8 M66 Y94 K0

因为是书籍的广告，将背景色设计成泛黄的旧纸张色彩能给人一种古朴的质感，将字母"I"设计为绿色跟其他三个字母以示区别。

文字

整个版面仅仅一个单词和一排文案——Travel with words, meet the world（跟着文字去旅行，认识这个世界）——恰到好处地诠释了主题。

作品欣赏

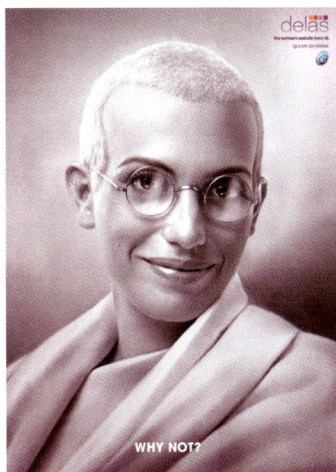

问题分析

精彩原作

图 形

界面按信息分组布局，采用了书本的创意，将导航栏设计成书签的样式，清晰、一目了然，同时又增加了与读者的互动交流。

色 彩

设计成较干净素雅的色调，便于阅读，可将全部信息尽收眼底。

文 字

使用简洁、描述性、标签化的文案，没有冗余的信息，让用户在浏览时能很快地通过关键词抓住意思，营造出一种更好的沟通氛围。

在设计实践中，再好的创意也需要用精彩的视觉图形图像体现出来。下面就对比优秀原作，将具体设计中容易出现的问题，用图片展现出来，并进行针对性的问题分析。

图 形

版式缺乏创意，菜单中的众多信息拼凑在一起，非常单一，没有进行合理组织。

色 彩

灰色背景显得文字模糊不清，版面沉闷。

文 字

正文部分文字太多，各个版块之间字体及颜色没有区分。

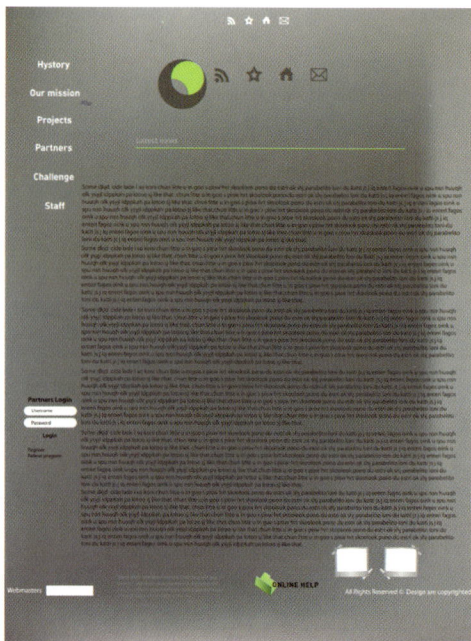

问题作品

2.2.2 突出个性

Vögele Shoes女鞋广告

HUAWEI手机广告

统一化、大众化市场的消失以及消费者注重所购商品带来的心理、情感及精神的满足感，使设计的个性化要求越来越迫切。设计要吸引消费者的注意力，具有鲜明的个性，这样才能在众多的竞争对手中脱颖而出，达到"万绿丛中一点红"的效果。

通常，设计者将一个极富个性的设计理念始终贯穿于作品中，并挖掘设计最本质的视觉元素，形成完整的表现方法和视觉体系，也就形成了设计师自己的个性风格。设计并不都具有风格，毫无思想、平淡的设计只能是元素的堆砌，只有时刻关注设计艺术的发展变化和注重自我的个性表达，才能被称为与众不同的个性化设计。

有意制造某种神秘、无规则、不理性的空间，或者以追求幽默、风趣的表现形式来吸引读者，引起共鸣，这是当今设计界在艺术风格上的流行趋势。

作品分析

图 形

这是克罗地亚的一则牙医广告。一张小小的画面营造了一个充满戏剧性的空间。画面右侧蓝队球迷在墙上喷下"REDS ARE SUCK"（红队都是垃圾），画面左侧是一群情绪激昂的红队球迷，在转角处就要与其相遇了。

色 彩

■ C29 M25 Y25 K0

■ C19 M94 Y98 K9

■ C42 M52 Y64 K18

□ C3 M2 Y3 K0

红色和蓝色的对比，一目了然。蓝队球迷铁定逃不了被揍得满地找牙的厄运。

文 字

文案——All your teeth back in just 24 hours（24小时内让你的所有牙齿都回来）——在这样一个空间中充满个性，另辟蹊径的创意让人印象深刻。

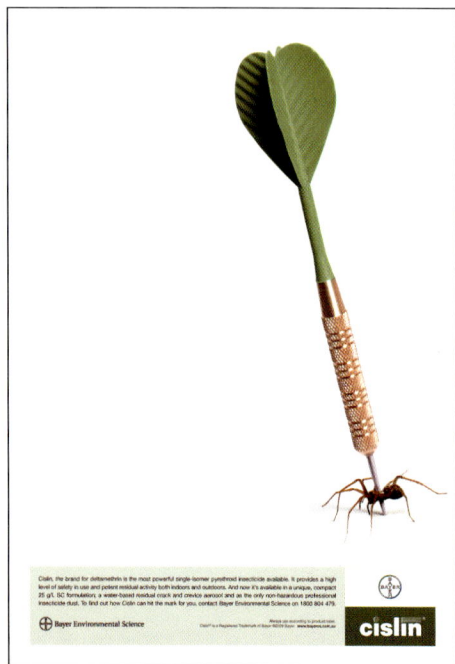

图 形

这是澳大利亚的一则医药类广告。拜耳公司生产的Cislin 是一种能够精确控制虫害范围的专业杀虫剂，飞镖的图形设计直观地反映出这款杀虫剂能精确定位的功效。

色 彩

■ C13 M28 Y53 K0

■ C53 M31 Y83 K9

□ C0 M0 Y0 K0

采用白色背景下倾斜型的构图，绿色飞镖和下方绿色的文本框相互呼应，增强了整个画面的关联性。

文 字

两排文案与LOGO组合成一个规则的矩形放置在整个版面正下方。文字左右对齐，形成画面中的点、线、面。

作品欣赏

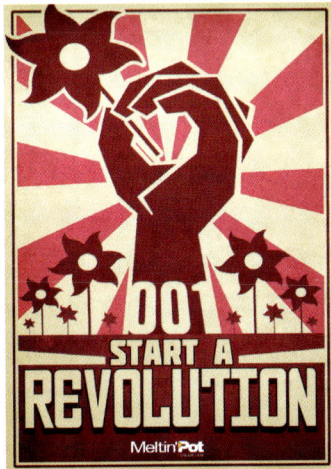
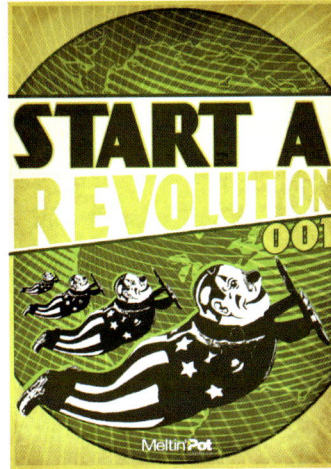

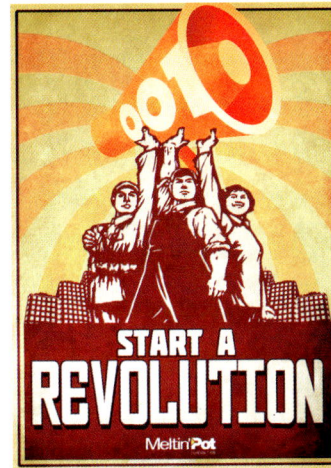
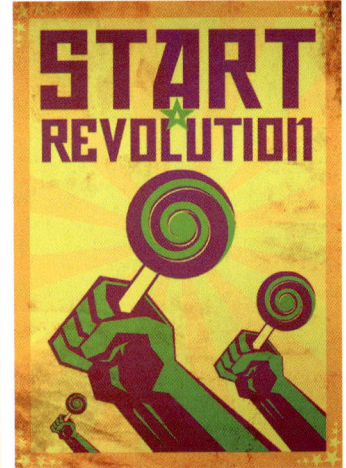

问题分析

精彩原作

图 形

画面温馨又充满童趣，各图形造型可爱。画面统一在清新的调子中，有很强的装饰意味。

色 彩

采用较饱和的草绿色，搭配渐变的蓝色。蓝天白云营造出剪贴画的效果。

文 字

文字使用卡通字体，符合儿童的审美，文字粗细结合，色彩鲜明，充满想象力。

在设计实践中，再好的创意也需要用精彩的视觉图形图像体现出来。下面就对比优秀原作，将具体设计中容易出现的问题，用图片展现出来，并进行针对性的问题分析。

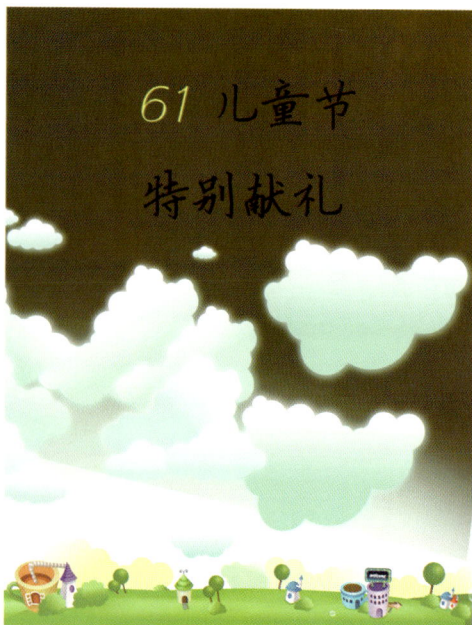

问题作品

图 形

缺少有主题性的元素，整个版式空洞乏味。

色 彩

背景色不明朗，显得较脏，给人一种不太舒适的视觉感受。

文 字

字体显得呆板无生趣，不能吸引少年儿童的注意。

2.2.3　多维空间的复合构成

New Straights Times 报纸广告（马来西亚）

　　现代版式设计的发展越来越注重二维空间的三维效果。在二维平面空间上表现立体的、矛盾的、虚幻的复合空间。我们习惯的平面视觉空间只有一个或两个透视焦点，版面的图形也是简洁单纯的。当生产多个透视焦点，甚至出现了矛盾空间的视觉或若隐若无的幻觉时，即造成视觉空间的混乱、排斥，矛盾的不适应，以及版面成为无主次、无中心、多层次、多元素的复合空间。

　　这种艺术风格与电脑手段的结合是一种复合的设计表现。这种复合，使版面的构成关系不再仅仅是一个简单、单向性的构成关系，追求散点的空间结构，造成多视点空间，追求阅读方位的多向化、矛盾化和空间层次的立体化。

作品分析

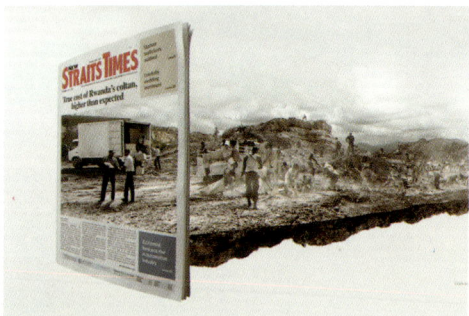

图 形

这是 *New Straights Times* 报纸的广告设计。二维图片与延伸出的三维空间相结合，贴切地反映出报纸的卖点——给您带来更有深度的报道。

色 彩

■ C75 M68 Y67 K90	虽然主题不同，但都选用与报纸
□ C13 M11 Y13 K0	图片相应的色调，通过阴影或光
■ C20 M85 Y66 K7	影形成的视觉效果令画面整体更
□ C0 M0 Y0 K0	统一协调。

文 字

上图的标题文字意思是俄罗斯木材、货轮的实质（走私），下图是推进新的经济刺激计划（暴动），图片与文字紧密结合，扣人心弦。

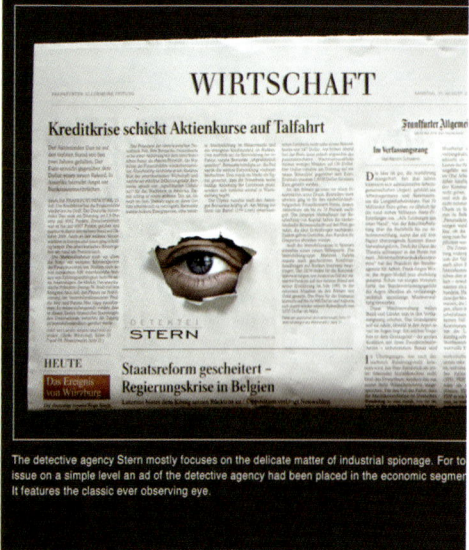

图 形

这是Stern斯特恩侦探机构宣传广告。报纸中的眼睛图形使广告的诉求与特点不言而喻。三维化的设计增强了版面的感染力，能引起读者的兴趣和共鸣。

色 彩

■ C76 M71 Y58 K70	深色背景上的白色报纸以及白色
□ C18 M14 Y15 K0	文字显得分外突出，增加了阅读
■ C39 M50 Y46 K0	的舒适度。
■ C31 M86 Y77 K31	

文 字

6栏的布局符合报纸的阅读习惯，版面脉络清晰，细节和主体和谐统一。

作品欣赏

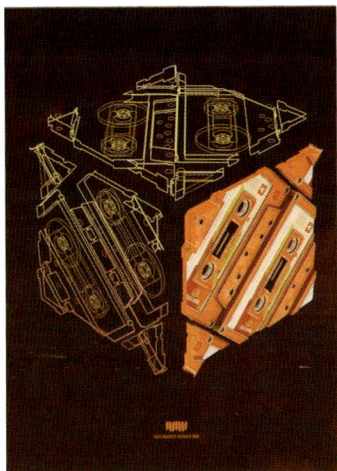
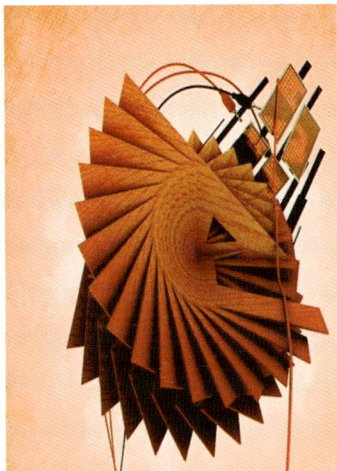

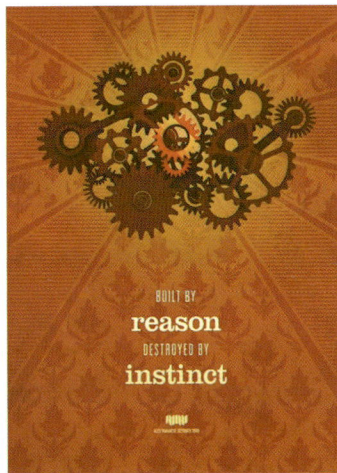
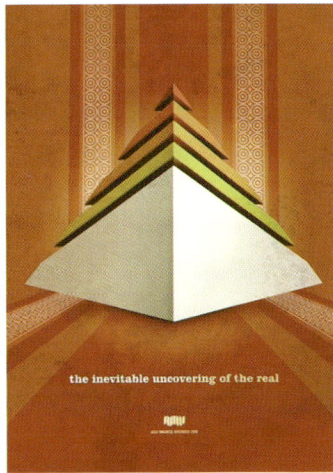

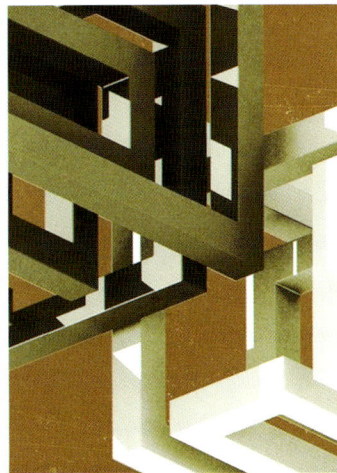
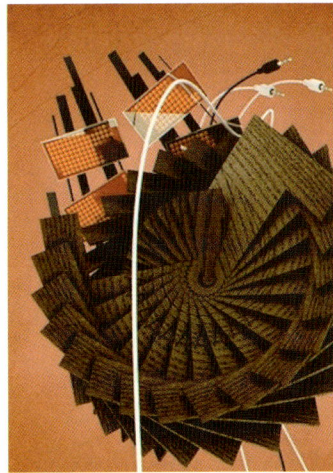

问题分析

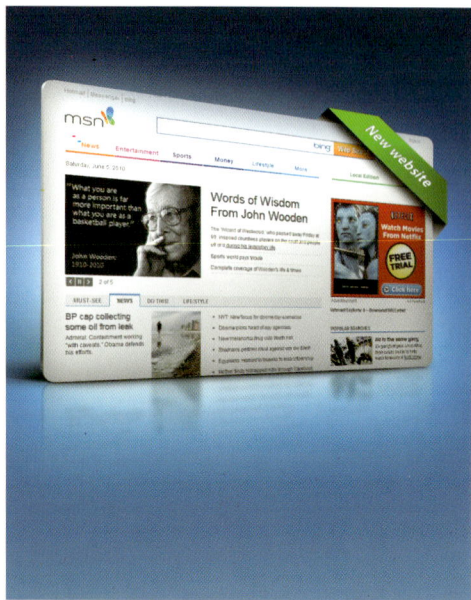

精彩原作

图 形

画面采用了立体效果，增强了网站宣传中读者的记忆度，给了浏览者一个流畅的视觉体验，非常具有空间感。

色 彩

色彩版面更加清晰明亮，配合蓝色背景显得整洁清爽。

文 字

采用三栏的排列方式，将具有复杂组合型的元素重组划分为不同的功能区域，使图形与文字关系次序化、条理化、规范化，符合阅读习惯。

在设计实践中，再好的创意也需要用精彩的视觉图形图像体现出来。下面就对比优秀原作，将具体设计中容易出现的问题，用图片展现出来，并进行针对性的问题分析。

图 形

整个版式过于平淡，缺乏亮点，板块之间排列不规则，造成页面空间的浪费。

色 彩

背景色明度较低，图片及文字显得不够清晰。

文 字

文字与图片未对齐处理，图文关系混乱。分栏过多且过窄，不易阅读，而且稍长标题不能在同一排内完整显示。

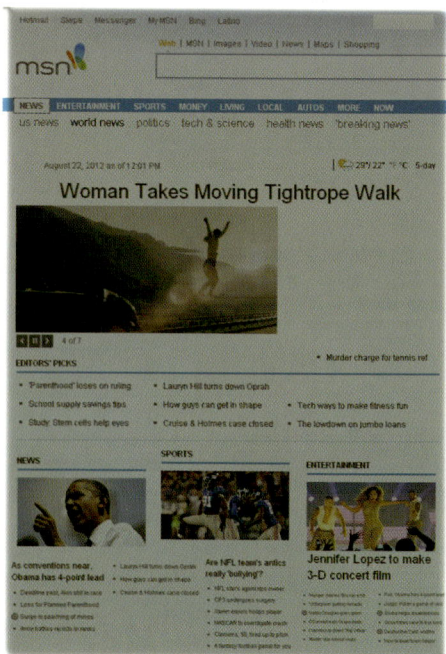

问题作品

2.2.4 逆向视觉角度

Wilkinson Sword剃须刀广告（英国）

Wilkinson Sword剃须刀广告（英国）

在设计中通常使用的"平视"、"俯视"、"仰视"等视觉角度越来越平淡无味，缺乏新意。随着设计思潮的开放与多元文化的融合，打破传统的逆向视觉角度和边缘视觉角度能够带来奇异的空间层次感和强烈的透视感，这种新颖独特的空间视觉为传统版面编排带来全新的活力和强势的变革。

在版式设计中，追求新颖独特的视觉角度，有意制造某种神秘、无规划、不理性的视角，或者以追求幽默、风趣的表现形式来吸引读者，引起共鸣，乃是当今设计界在艺术风格上的流行趋势。这种风格摆脱了陈旧与平庸，给设计注入了新的活力。在编排中，除图片本身具有的趣味外，再进行巧妙的编排和配置，可营造出一种妙不可言的空间环境。在很多情况下，所诉求的商品本平淡无奇，但经过巧妙的拍摄或是编排后，即产生了神奇美妙的视觉效果。

作品分析

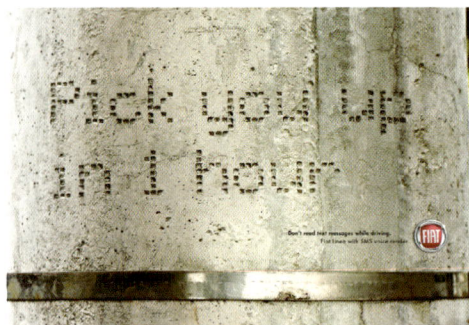

图 形

这是一组巴西菲亚特汽车广告。奶牛、电线杆的局部特写给人强烈的视觉震撼效果。照片上的文字是短信的内容，提醒大家开车时不要看短信，避免跟奶牛、电线杆产生亲密的接触。

色 彩

■ C78 M69 Y63 K81
■ C28 M29 Y39 K0
■ C17 M95 Y46 K0
　C5 M3 Y10 K0

基本上都采用了满版型图片原有的颜色，未加其他修饰，使得菲亚特LOGO在黑白灰的底色中尤为突出。

文 字

将短信内容 "Meeting at 10 am!（上午10点见！）" 和 "Pick you up in 1 hour（1小时内去接你）" 特意制作成所拍物体原有的肌理效果，配合文案，体现出菲亚特语音阅读短信功能的必要性。

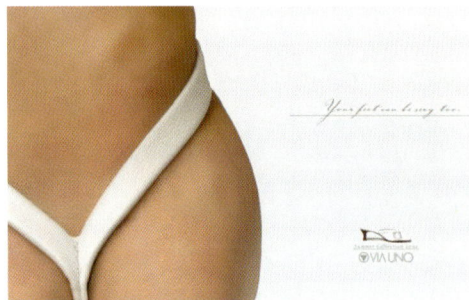

图 形

这是VIAUNO女鞋广告。换个角度，你的脚也可以很性感。把脚的形象放置在画面左侧并只出现一个局部特写，这样的逆向视觉角度令人浮想联翩。

色 彩

■ C16 M39 Y52 K0
■ C73 M65 Y69 K85
　C9 M6 Y5 K0

纯净的灰色使照片主体更加醒目优雅。

文 字

文案 "Your feet can be sexy too（你的脚也可以很性感）" 和LOGO居中对齐排列，一语揭示主题。

作品欣赏

作品欣赏

THERE ARE LOTS
OF TERRIBLE
ANIMAL PICTURES
OUT THERE.

NATIONAL GEOGRAPHIC COLLECTION.
THE BEST NATURE IMAGES ARE HERE.

问题分析

精彩原作

图 形

版面做了上下分割，下半部通过茶叶泡入水中的视角展现出不一样的创意。其文化气韵在设计中自然地流露出来。

色 彩

色彩充满书法般的闲情雅致，飘逸静谧，展现出古典文化的意趣。

文 字

右上角及下方的文案更具有中国传统特色和民俗风情，让人心境高雅，感受到中国儒雅的茶文化。

在设计实践中，再好的创意也需要用精彩的视觉图形图像体现出来。下面就对比优秀原作，将具体设计中容易出现的问题，用图片展现出来，并进行针对性的问题分析。

图 形

图案和文字都位于画面中央，过于集中，没有体现出明显的疏密关系。

色 彩

黄色背景使得茶叶的新鲜度大打折扣，显得黯淡陈旧。

文 字

字体较为现代感，不能很好地体现出茶文化的特色。

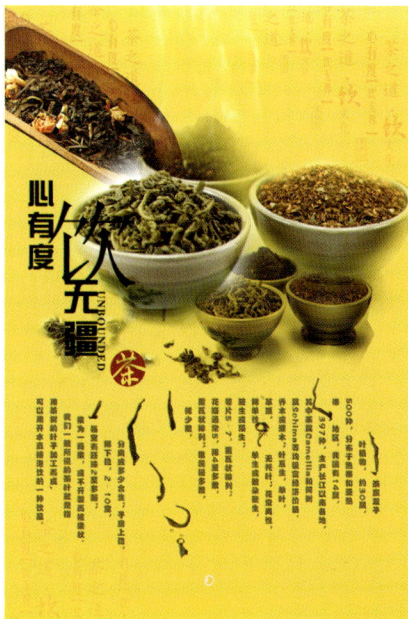

问题作品

版式的
基本类型

3.1 骨骼型

在20世纪初，瑞士现代主义的设计家们经过长期的研究与实践将骨骼编排设计发展为一种成熟且可以被广泛应用的方法，可以在各类平面设计，特别是书籍装帧、报刊杂志、产品样本设计等方面应用。之后在欧美被广泛运用，并不断完善与发展。

世界新闻自由日海报（阿联酋）

STIHL商品广告（美国）

骨骼型是一种严谨、规范、理性的分割方法。骨骼的基本原理是将版面刻意按照骨骼的规则，有序地分割成大小相等的空间单位。

常见的骨骼分割法有：竖向通栏、双栏、三栏、四栏和横向同时进行分割，如四栏、六栏、八栏、十二栏等。但一般以竖向分栏和双栏、三栏、四栏为多。常见的期刊、杂志、画册，编排多采用双栏或三栏的骨骼分法，报刊编排由于信息量大，所以常采用四栏、五栏、六栏的骨骼分法。

骨骼型具有相互混合的版式，既理性、有条理，又活泼而具有弹性。

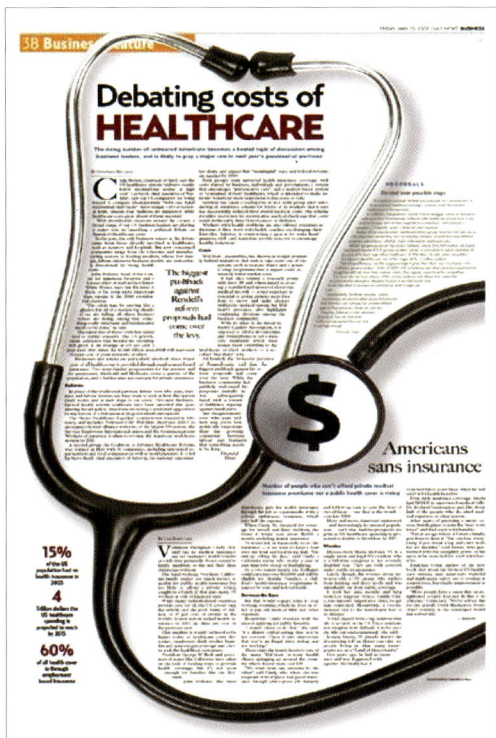

国外报纸版式1

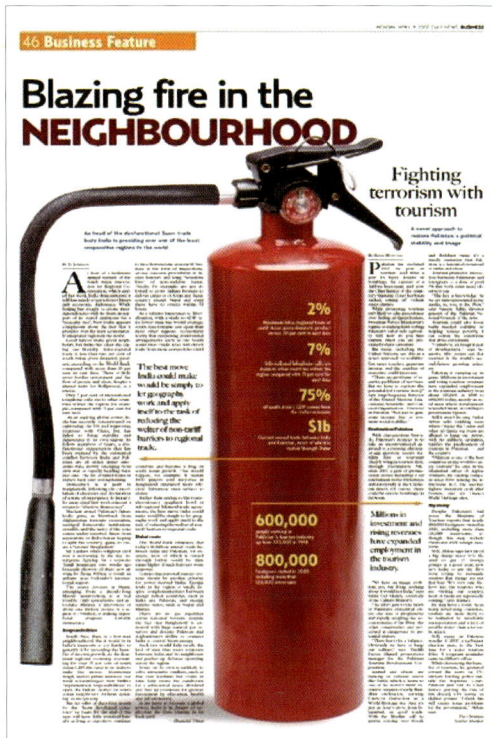

国外报纸版式2

后现代设计时期，经济发达国家的"丰裕社会"在消费主义刺激下形成了巨大的消费市场。在这之前，在设计领域占统治地位的、千篇一律的国际主义设计风格，已被求新求变的新一代消费大众所厌弃，人们已不再满足这种冷漠、非人性化、高度理性化的设计原则，力图追求富有生气、自由变化的形式主义设计。骨骼分割法在慢慢发生着变化，我们将这种变化称为"变形骨骼"。

"变形骨骼"是在骨骼设计的基础上变化发展的，它是在骨骼的基本形上，通过合并、取舍部分骨骼，寻求新的造型变化，变形后所产生的造型无穷无尽，并且富有活力与生命力，魅力十足，深受读者的喜欢。经过变革的设计后，变化小的作品骨骼一眼就能看出来，变化大的作品，也能依然保留部分骨骼的痕迹。

作品分析

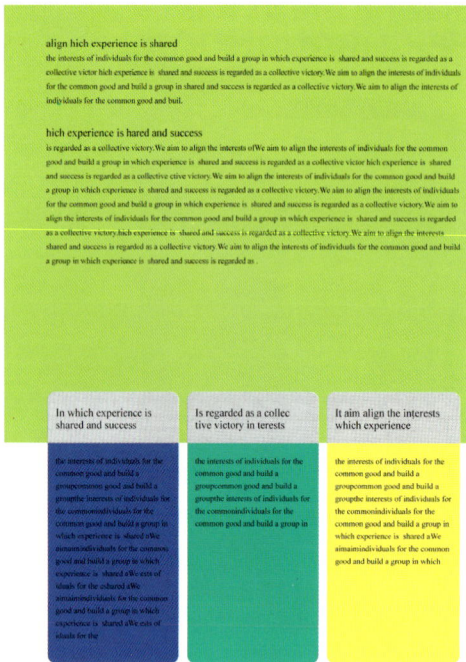

图 形

这是一本画册的内页，采用了竖向通栏和三栏相结合的版式编排，很理性地将画面进行了合理分割，版面富有秩序和条理性。

色 彩

■ C40 M0 Y80 K0

■ C100 M60 Y0 K0

■ C0 M0 Y80 K0

■ C100 M0 Y50 K0

画面运用同一色系的黄、绿、蓝三种色调，整个版面和谐而不失活力。

文 字

整个页面采用同一种英文小写字体，字距和字号大小适中，符合阅读习惯。

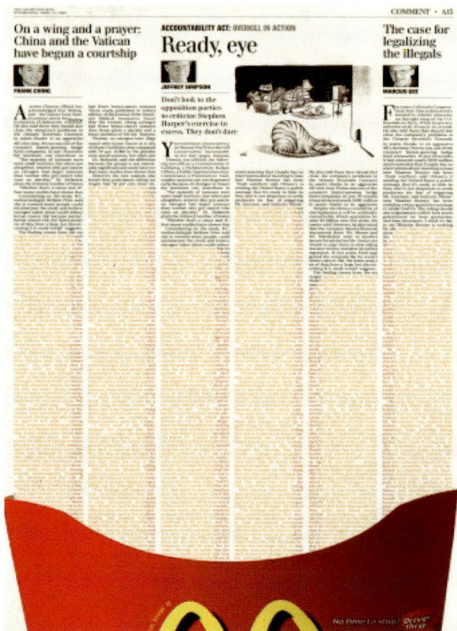

图 形

这是麦当劳的平面广告，是由文字和包装盒组成的同构图形。该版式通过六栏的骨骼将画面分割，显得严谨规范。

色 彩

■ C13 M15 Y28 K0

■ C13 M99 Y100 K4

■ C73 M69 Y66 K84

■ C16 M16 Y100 K0

麦当劳经典的黄色和红色使得海报具有很强的品牌识别性。

文 字

不同颜色的文字构成线和面的效果，整体有序又有变化，简洁大方又不失精细。

作品欣赏

the
CUSTARD FACTORY

CRASS

9 TRACKS

NINE INCH NAILS

MY BLOODY VALENTINE
WHEN YOU SLEEP

THE CARS
LET'S GO

DJ SHADOW
MIDNIGHT IN A PERFECT WORLD

THE CURE
AT NIGHT

NEW ORDER
DREAMS NEVER END

JOY DIVISION

THE POWER OF
WINAMP

This article is an informative background of one of Window's widely used media applications. In this article we will touch on some key components regarding different skin types, application windows and instruction on how a winamp skin is produced.

008

January 19, 2008

WINAMP : THE POWER OF APPLICATION

CLASSIC SKINS
An artistic approach to application media
By: Matthew Nagy

"HOWEVER, CLASSIC SKINS RULE! THEY LOAD FAST AND THE GRAPHIC DESIGNS ARE PHENOMENAL."

问题分析

图 形

平面设计中的节奏、韵律以骨骼的形式融入网页中，使内容繁多的页面更加有条理，浏览起来主次分明。

色 彩

色彩以粉色调为主，比较符合美容美发行业的特征，采用了两种不同饱和度的粉色搭配，既整体又体现出层次感。

文 字

两栏的布局比较合理，读者能够快速查阅到相关的信息。

在设计实践中，再好的创意也需要用精彩的视觉图形图像体现出来。下面就对比优秀原作，将具体设计中容易出现的问题，用图片展现出来，并进行针对性的问题分析。

图 形

版式和图形都不太符合美发行业网站的特征。

色 彩

冷色调给人难以亲近的感觉，与消费者有一定的距离感。

文 字

分栏不够明确，在网页设计中难以快速找到有用的信息，空间浪费较大。

3.2 满版型

　　满版型版式主要以图片传达信息，使图片充满整个版面。在视觉传达上直观，表现强烈。根据版面的需要，文字的位置编排在版面的上下、左右或中心点上，层次清晰，传达信息准确明了。

　　在满版型设计中，常用出血图作为背景，即将图形充满版面，无边框，有向外扩张和舒展之势，一般用于传达抒情或运动信息的版面。图片采用出血版式后，因不受边框限制，能使感情与动感得到更好的舒展与发挥。

　　满版型版式设计具有传播速度快、大方、直白，视觉表现强烈的宣传效果，是版式设计中最主要的表现形式。

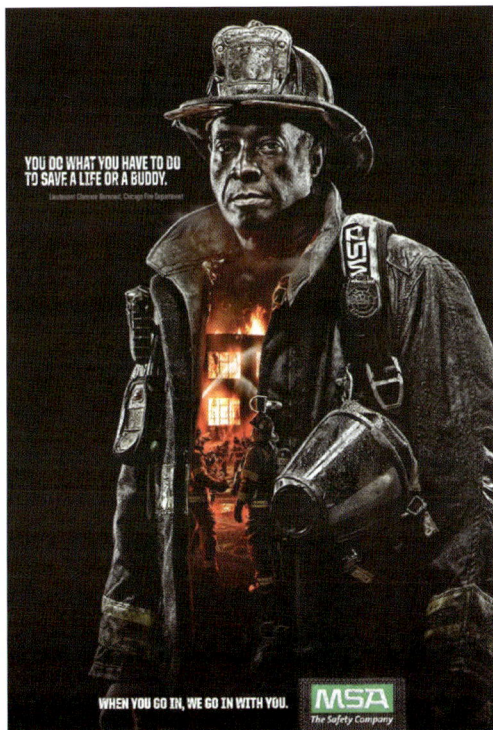

MSA煤矿安全宣传创意海报

科隆动物园广告

禁烟公益海报（科威特）

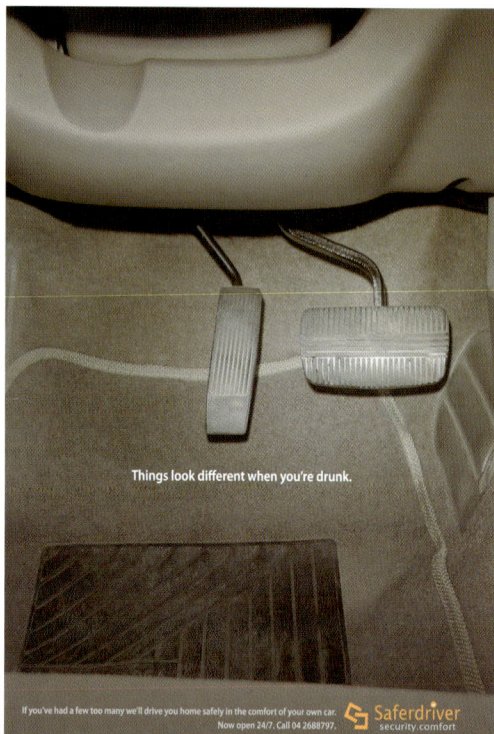

代驾服务广告

1. 大图形情感强烈

大图形面积大，注目程度高，感染力强，能给人舒服愉快感。大图形通常用来表现细部，如人物表情、手势、某个对象的局部特写等，能在瞬间迅速传达内涵，让人产生亲和感。

2. 小图形精密

将小图形插入字群中显得简洁而精致，有点缀和呼应版面主题的作用。但同时也给人拘谨、静止、趣味弱的感觉。

在进行版式设计时，若只有大图形而无小图形或细部文字，版面就会显得空洞。但光有小图形而无大图形，又会使版面缺乏生气而显得呆板。只有大小、主次得当的穿插组合，才能获得最佳的搭配关系。

作品分析

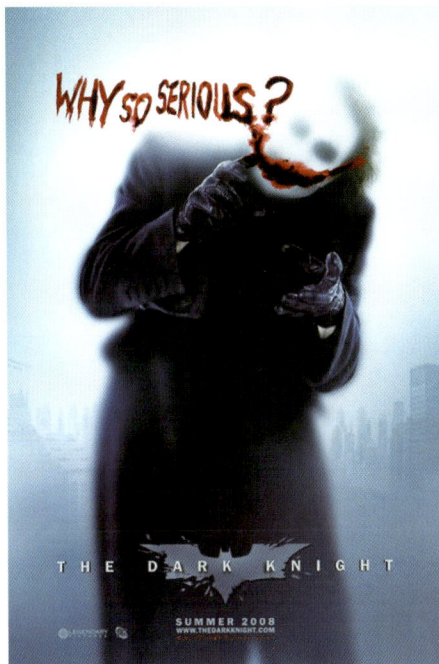

图 形

这是电影《蝙蝠侠前传》的海报。该海报采用了满版型的版式设计，从画面上强调宣传目的。整个版面以图片为主要表现元素。在版式设计中图片的比例大小对整个画面的视觉效果有着很大的影响，比文字更能吸引人们注意。

色 彩

■ C97 M78 Y50 K56
■ C75 M68 Y67 K90
■ C27 M100 Y100 K30
　C9 M4 Y2 K0

不同明度的红色和蓝色对比，展示出海报神秘与惊悚的氛围。

文 字

海报上方用血迹书写的手写体文字，彰显出主体人物的偏执与可怕。

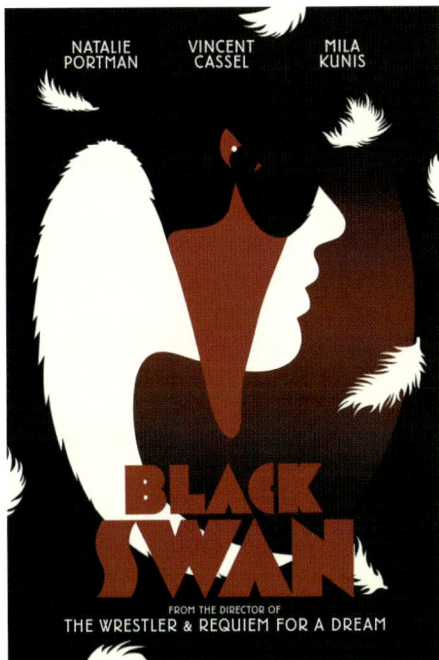

图 形

这是电影《黑天鹅》的宣传海报。舞者与黑天鹅的正负形融合不仅具有图形上的美感，同时揭示了影片的内涵和主题。

色 彩

■ C74 M67 Y67 K86
■ C27 M100 Y100 K30
□ C2 M2 Y13 K0

黑、白、红的对比使画面具有强烈的视觉冲击力。

文 字

标题采用无衬线字体居中对齐，无衬线字体通常更具有艺术性，作为标题装饰感较强。

作品欣赏

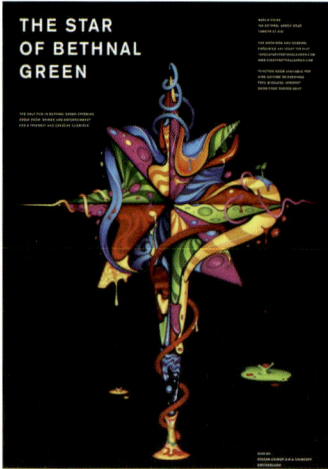
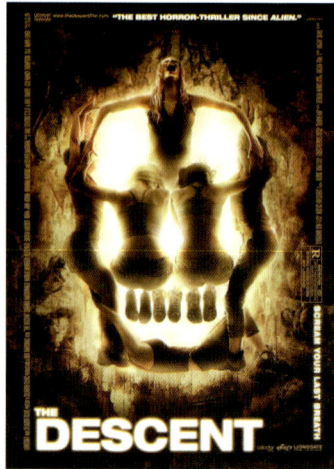

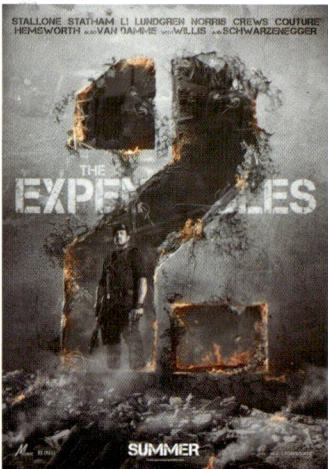

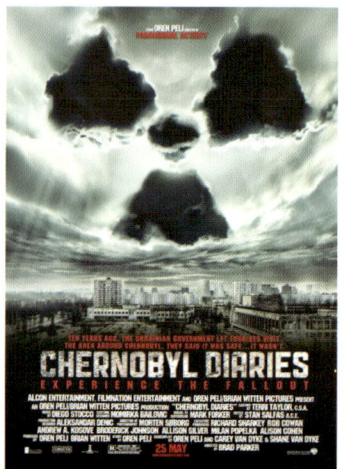

问题分析

图 形

灯光、草坪、足球等图形元素营造出浓浓的足球比赛氛围。

色 彩

用灯光的形式使几个不同色相产生过渡，拉开了色阶，丰富了整个空间的视觉画面。

文 字

标题文字放置在画面正中，醒目突出，其余的文字则居中位于画面上下两端，主次分明。

在设计实践中，再好的创意也需要用精彩的视觉图形图像体现出来。下面就对比优秀原作，将具体设计中容易出现的问题，用图片展现出来，并进行针对性的问题分析。

图 形

海报上半部分的信息量过大，将各种信息诸如文字、图片、背景等不加考虑地塞到页面上，未加以规范化、条理化。

色 彩

黑色的背景不利于表现空间感，画面也显得沉闷，与海报所要表现的欧洲杯这一活力欢快的主题相去甚远。

文 字

四行标题文字排列无序，主次不够分明。

3.3 上下分割型

上下分割型指把整个版面分成上下两部分，在上半部或下半部配置图片，另一部分则配置文案，配置有图片的部分感性而具有活力，文案部分则理性而静止。上下部分中配置的图片可以是一幅或多幅。

Wallpaper封面设计

New Golf GT Sport. High pulse. Low body.

大众GOLF广告设计

作品分析

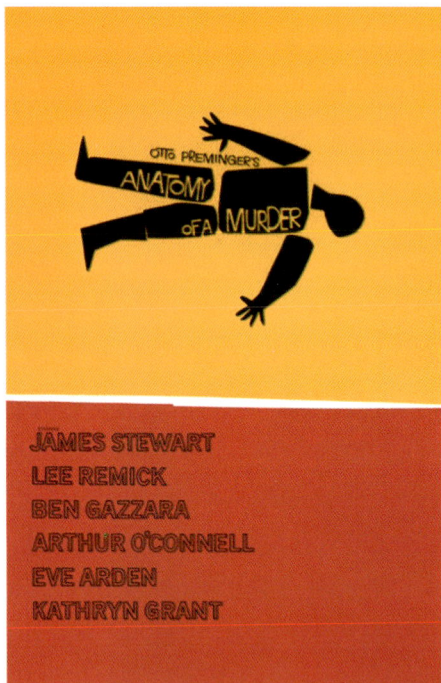

图 形

这是1959年电影《桃色案件》的海报，属于拼贴画的风格，图形化的人物使版面简洁明快。非剧情式海报虽然不是电影海报设计的主流，但这种设计新颖且具有强烈的视觉效果的海报往往更加容易成为经典。

色 彩

■ C4 M38 Y99 K0

■ C17 M93 Y87 K6

■ C75 M68 Y67 K90

用色大胆，暖色系的红与黄醒目又充满戏剧性的冲突感。

文 字

电影海报艺术的开山鼻祖索尔·巴斯把符号学带入电影海报制作中，把片头字母拓展成为一个独立的职业。在这幅海报中，文字置于鲜明的色彩之上，使之被衬托得更加明显。

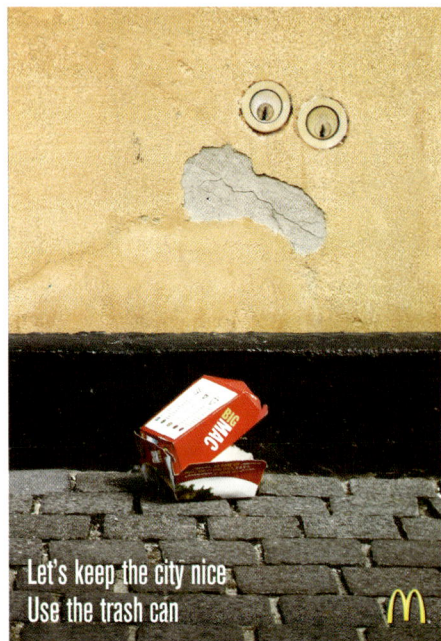

图 形

这是麦当劳的公益广告，墙面上的拟人化表情和地上的麦当劳包装盒，提醒大家：垃圾应该扔进垃圾桶。

色 彩

■ C14 M20 Y46 K0

■ C65 M55 Y52 K26

■ C74 M67 Y67 K86

■ C15 M100 Y100 K5

红色的包装盒在灰色的背景中具有强烈的视觉冲击力。

文 字

文字采用左对齐的形式放置在左下角，恰如其分地表现出公益海报的主题。

作品欣赏

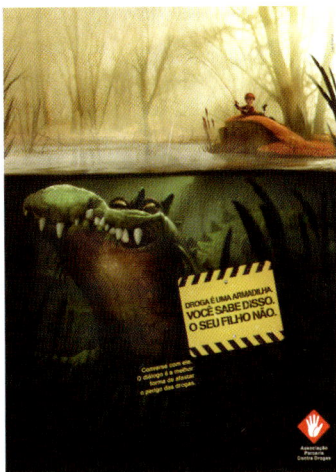

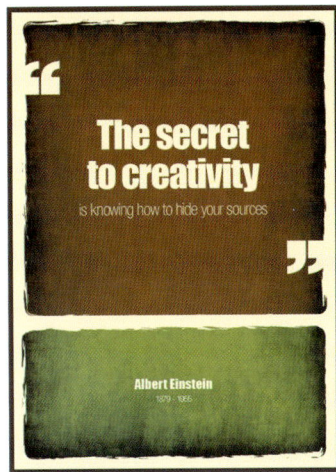
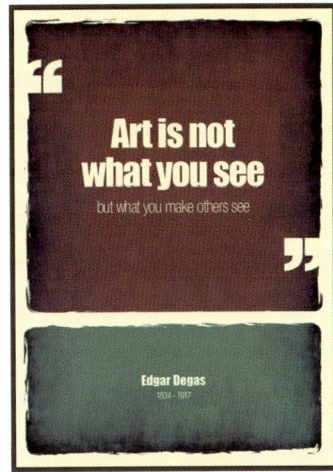

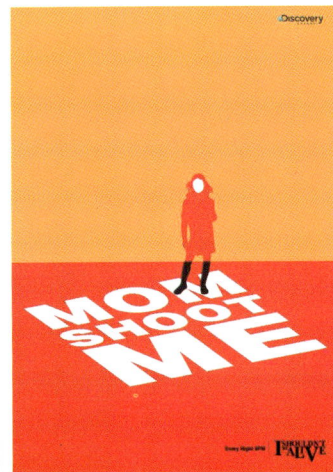

问题分析

图 形

在上下分割型的版面中做了三栏划分，方便把各种信息以最快捷、方便的方式传达给受众。

色 彩

采用绿色作为环保主题网站的主色调。色彩与内容达到了统一。

文 字

标题文字改为左对齐方式，显得更加整体，下方的三栏文字布局符合阅读习惯。

在设计实践中，再好的创意也需要用精彩的视觉图形图像体现出来。下面就对比优秀原作，将具体设计中容易出现的问题，用图片展现出来，并进行针对性的问题分析。

图 形

标题、导航栏等有一定的创意，但没有规范化、条理化。

色 彩

上半部分的红色背景与下半部分脱节且与环保的主题无关。

文 字

通栏的文字排列浪费了大量空间，不方便阅读。

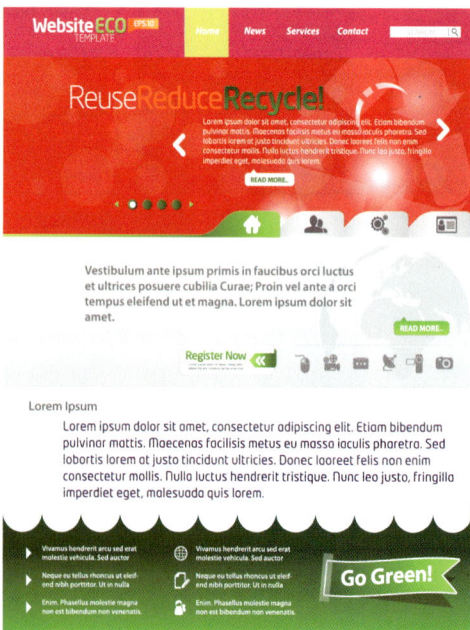

3.4　左右分割型

把整个版面分割为左右两部分，分别在左或右配置文案，当左右两部分形成强烈对比时，则造成视觉心理的不平衡，这仅是视觉习惯上的问题，也自然不如上下分割型的视觉流程自然，不过，倘若将分割线虚化处理，用文字进行左右重复或贯穿，左右图文则变得自然和谐。

左右分割型指把整个版面分割为左右两部分，分别在左或右配置文案，当左右两部分形成强烈对比时，则造成视觉心理的不平衡，产生一种画面被分割开来的效果。左右分割型不如上下分割型画面的视觉效果流畅自然，不过若将分割线虚化处理，用文字进行左右重复或贯穿，左右图文则变得自然和谐。

Coleman野营用品广告1

Coleman野营用品广告2

Medical Mutual健康保险公司平面设计-医疗互助（印度）

作品分析

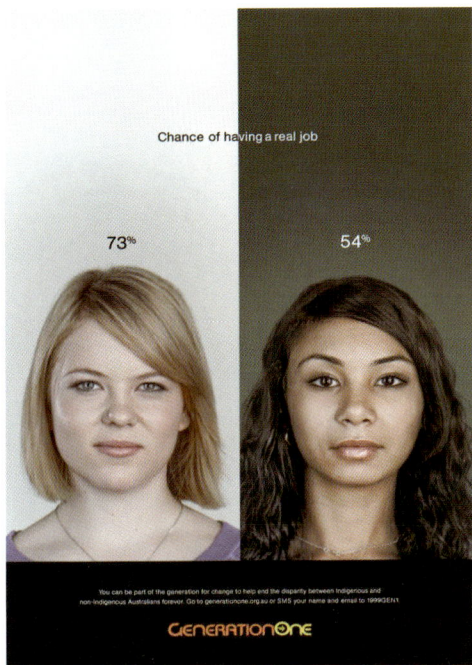

图 形

这是反对种族歧视公益海报。画面中黑人和白人的主体图片以出血图的方式配置，给人一目了然的饱满视觉效果，无声地控诉着这一不公平待遇。

色 彩

- C15 M11 Y12 K0
- C76 M52 Y64 K43
- C75 M68 Y65 K86

色彩运用低调含蓄，同时又将不同人种之间的对比直观地展示给观众。

文 字

文字与主题紧密相扣，左右分割型的版式对比明显，突出白人找到工作的概率是73%，而黑人找到工作的概率是54%。

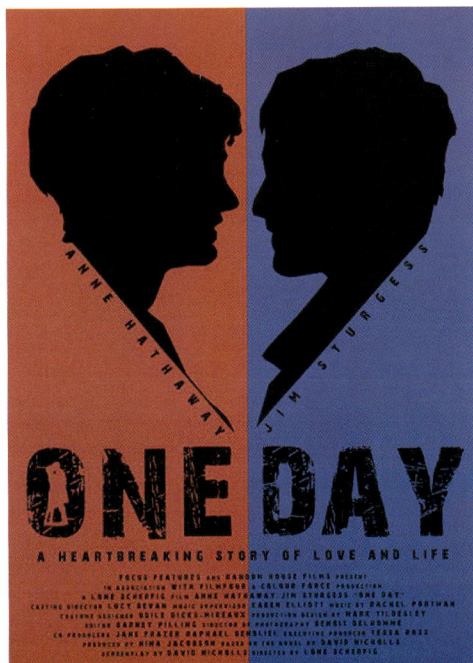

图 形

这是电影*one day*海报。采用左右分割的版式，将男女主角的主题图形相结合构成心形，整体造型简洁，起到了集中视线的作用。

色 彩

- C21 M95 Y93 K13
- C92 M78 Y13 K2
- C75 M68 Y67 K90

相同面积的红蓝对比，彰显了影片中人物的不同性格，图形和文字统一使用黑色，使版面平衡稳定，呈现雅致、个性的视觉效果。

文 字

文字采用居中对齐的编排形式，体现了版面的整洁与朴实感。利用不同字号对文字内容的轻重进行区分，使版面富有张力。

作品欣赏

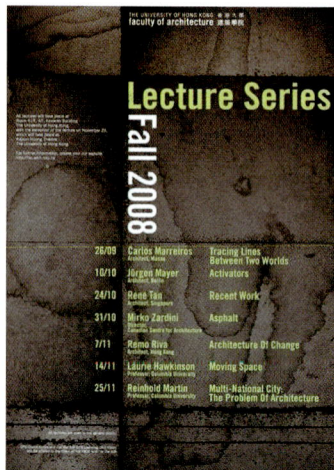
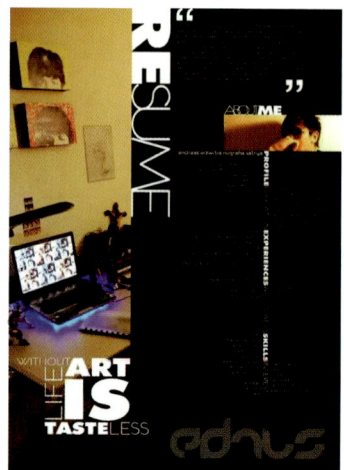

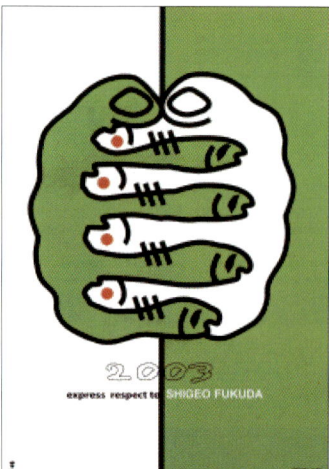
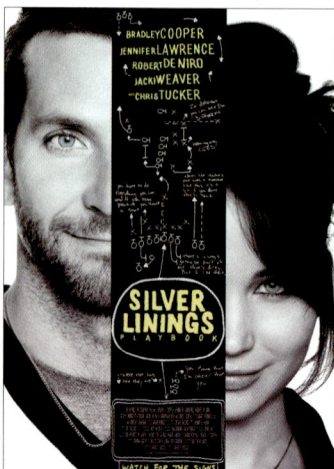
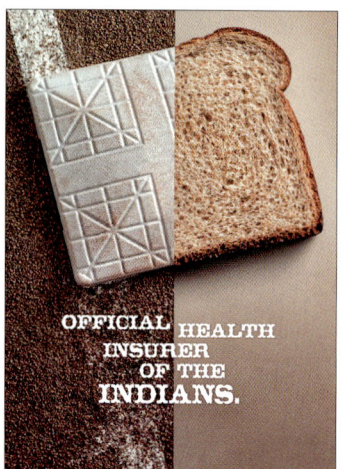

问题分析

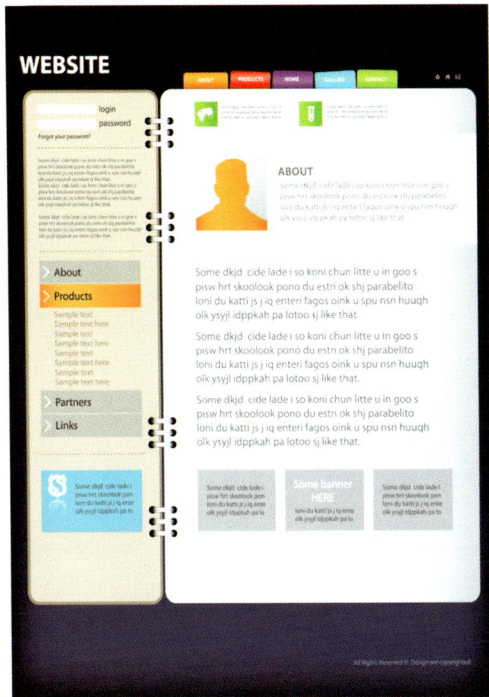

图 形

采用左右分割的版式，从整体考虑，使每个栏目能合理搭配，记事本风格的创意大大增加了界面的亲和性。

色 彩

纯粹的叙述文字采用较暗、较深的颜色来呈现，超链接文字则以较鲜明抢眼的色彩来强调，探访过的超链接则采用较低明度的颜色呈现，背景色更易于浏览。

文 字

文字字号适中，运用粗体分别在导航条、主要菜单标题栏与其他文字做主次内容上的区别，便于识别。

在设计实践中，再好的创意也需要用精彩的视觉图形图像体现出来。下面就对比优秀原作，将具体设计中容易出现的问题，用图片展现出来，并进行针对性的问题分析。

图 形

整个页面从色彩到排版都过于平淡，文字的排列显得特别拥挤，杂乱无章，不够大气。

色 彩

背景色相不明确，网格状的白点显得较为脏乱。

文 字

文字字号较小，不方便浏览，布局不明确。

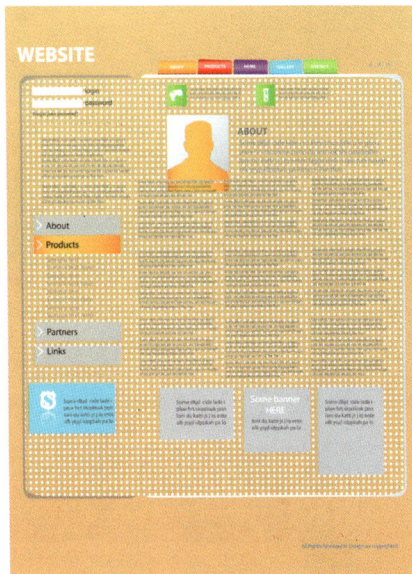

3.5 中轴型

　　中轴型指将图形作水平或垂直方向的排列，文案以上下或左右配置。水平排列的版面给人稳定、安静、平和与含蓄之感。垂直排列的版面给人强烈的动感。

mini cooper汽车海报

中餐厅广告（意大利）

作品分析

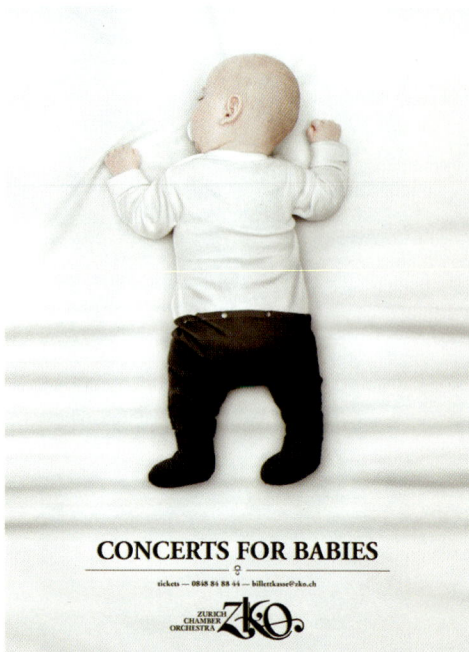

图 形

这是Euro RSCG瑞士为苏黎世室内乐团举办的宝贝音乐会所创作的海报。床单与小孩的裤子绝妙地组成了五线谱，简洁但创意十足。

色 彩

■ C9 M7 Y7 K0　　　　床单的白色与小孩裤子的黑色形

■ C69 M62 Y61 K51　　成强烈的对比。

■ C74 M67 Y66 K86

文 字

文字与图形居中对齐。正下方简洁的文字 ˝CONCERTS FOR BABIES˝ 和LOGO点明了海报的主题。

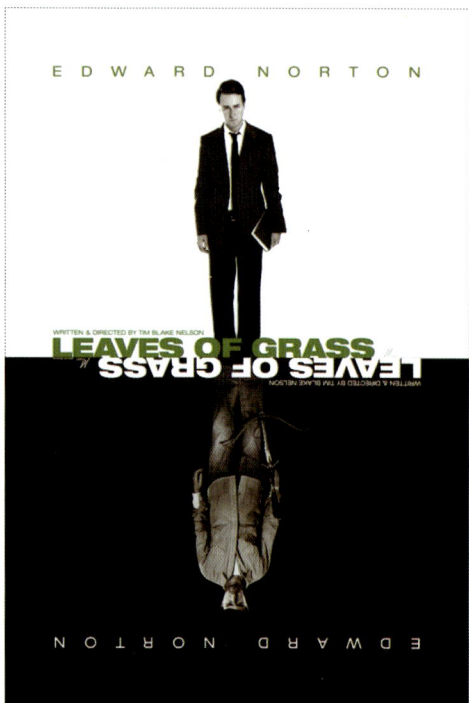

图 形

海报采用退底图形式，根据版面内容所需，将图片主体部分裁剪，中轴的构图形式贴切地反映了主题。

色 彩

■ C75 M68 Y67 K90　　简单的黑白对比揭示出人物

■ C85 M35 Y100 K29　　性格的对比，绿色象征片名

■ C58 M53 Y56 K24　　˝草叶˝。

□ C0 M0 Y0 K0

文 字

文字恰当地运用了正负空间，正反两个方向充分地表现了不同的意境，具有一定的感情倾向，同时也增强了版面的艺术美感。

作品欣赏

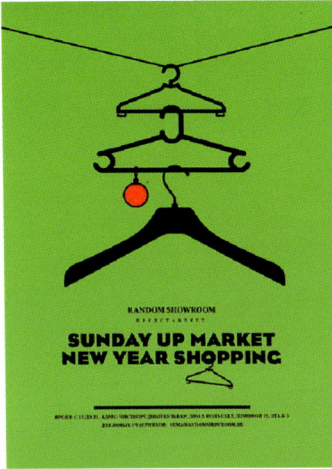

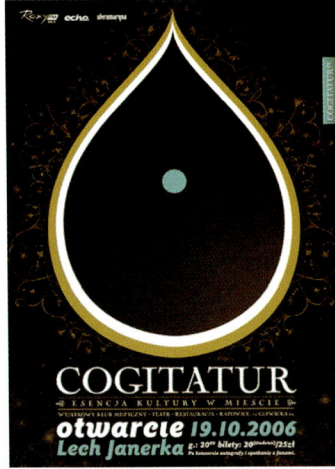

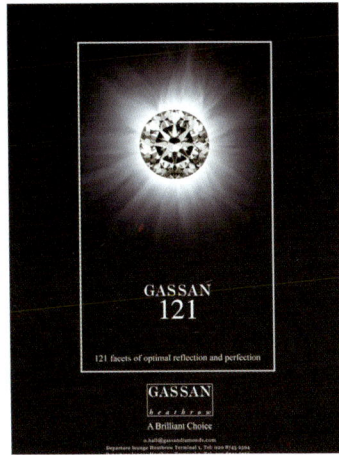

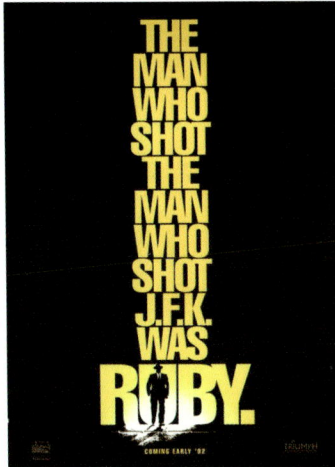

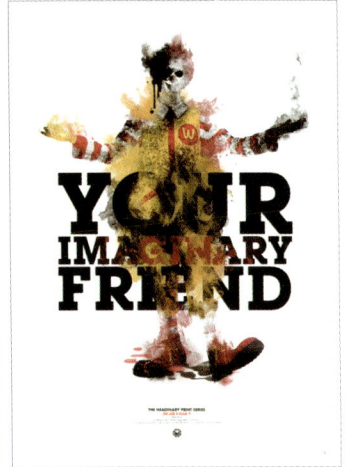

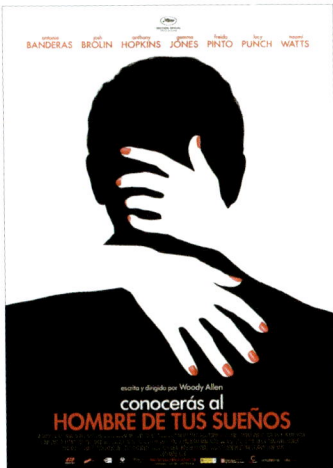

问题分析

精彩原作

图 形

运用中轴型构图，将内容主体置于趣味中心区域较能吸引观者注意，两侧虚线的运用恰如其分地凸显了画面主体。

色 彩

采用更为统一、清新的淡蓝色调，像一杯鸡尾酒冷饮在炎炎夏日让人心情愉悦。

文 字

将文字放置在一个矩形骨骼内规则排列，让读者快速地了解主题。

在设计实践中，再好的创意也需要用精彩的视觉图形图像体现出来。下面就对比优秀原作，将具体设计中容易出现的问题，用图片展现出来，并进行针对性的问题分析。

图 形

版式和内容都比较苍白空洞，难以引人注意。

色 彩

补色运用不当，颜色过于跳跃，对比过于强烈。

文 字

文字排列混乱，要传达的信息不够明显。

问题作品

3.6 曲线型

　　曲线型版式设计就是在一个版面中图片或文字在排列结构上呈曲线，产生有规律的节奏和韵律。曲线型版式设计具有一定的趣味性，让人的视线随着画面上元素的自由走向而产生变化。

西班牙设计机构CDN 创意海报

首尔城市宣传海报

kanechom洗发水海报

曲线型版式设计中各视觉要素随弧线或回旋线而运动变化，观看这种版面的视觉流程为曲线。曲线视觉流程不如单向视觉流程直接简明，但更具韵味、节奏和曲线美。

曲线流程的形式微妙而复杂，可概括为弧线型C和回旋型S。弧线型具有饱满、扩张和一定的方向感。回旋型则是两个相反的弧线产生矛盾回旋，在平面中增加深度和动感。

作品分析

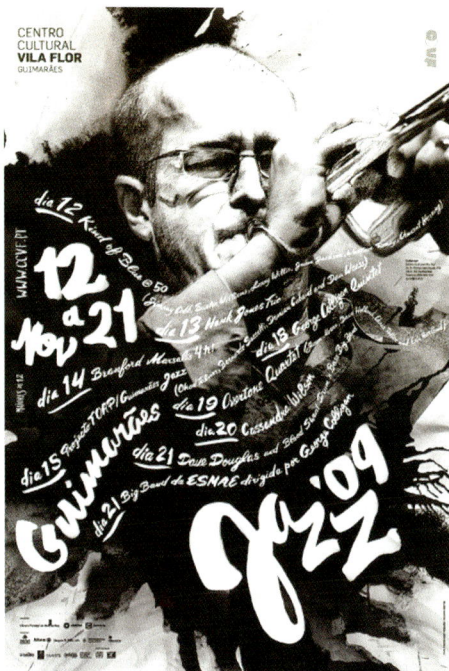

图 形

这是葡萄牙爵士音乐节海报，由Atelier Martino&Jaña设计团队制作，风格大胆强烈、独特抢眼。

色 彩

■ C71 M68 Y67 K82

▨ C18 M16 Y17 K0

□ C1 M2 Y1 K0

海报采用黑白的色彩搭配却并不显得沉闷。明度不同的黑白灰使得画面层次分明。

文 字

海报的文字排列呈曲线状，犹如流淌的音符，让人仿佛置身于音乐的海洋。

图 形

这是美国STIHL公司的鼓风机广告。曲线型版式中把文字图形化运用到了极致。被风吹得七零八落的文字显示出这款产品功能的强大。

色 彩

■ C60 M51 Y57 K24

■ C29 M70 Y90 K21

□ C0 M0 Y0 K0

黑色的文字块，以及下方曲线型的留白给人强烈的视觉震撼。

文 字

简单的黑体英文单词通过打散、重构、堆砌，营造出不一样的视觉效果。

作品欣赏

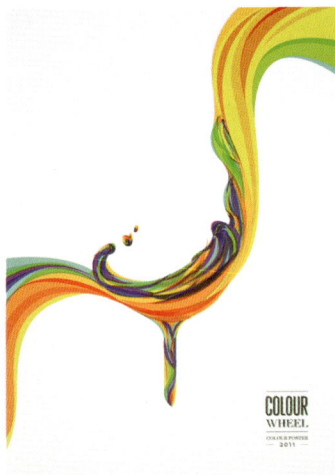
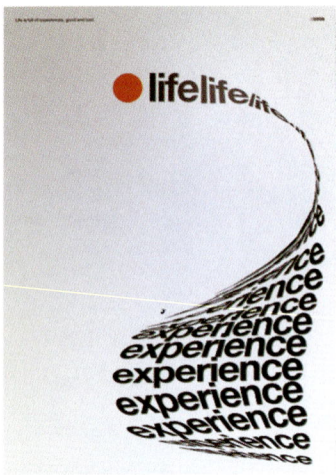
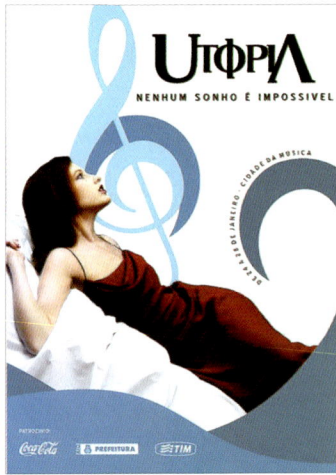

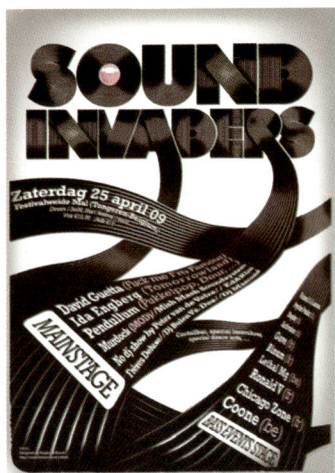
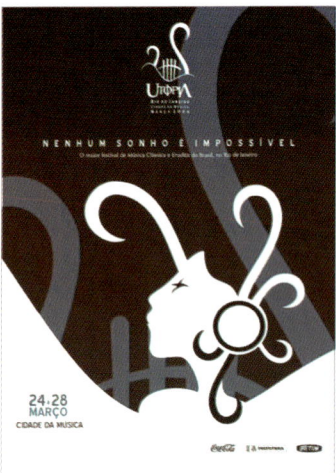
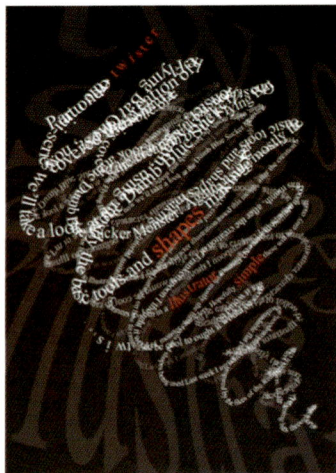

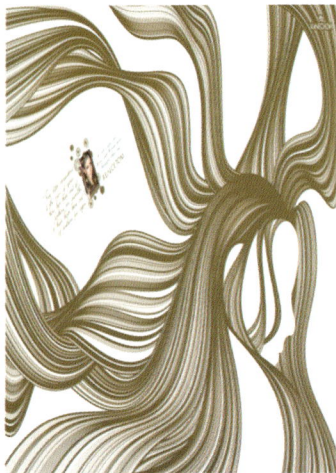

问题分析

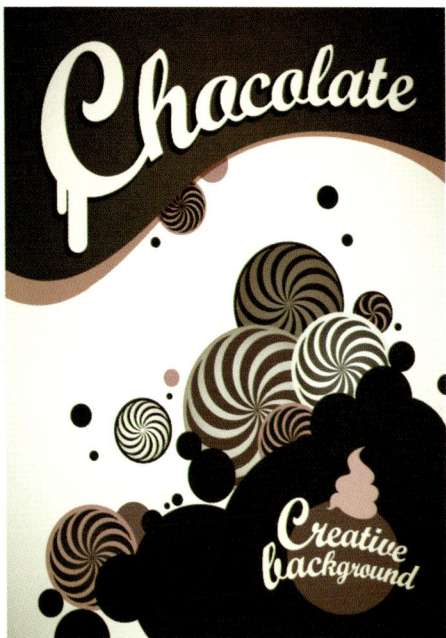

图 形

采用曲线型构图方式，充满节奏感和韵律感，让人的视线随着画面上的圆弧游走。

色 彩

咖啡色的主色调形象贴切地表明了商品属性，暖色调的配色让人一看到画面就充满食欲。

文 字

巧克力好似在文字上自然流淌融化，曲线状排列的文字给人柔软的感觉，如同冬日的阳光，彰显着惬意与温暖。

在设计实践中，再好的创意也需要用精彩的视觉图形图像体现出来。下面就对比优秀原作，将具体设计中容易出现的问题，用图片展现出来，并进行针对性的问题分析。

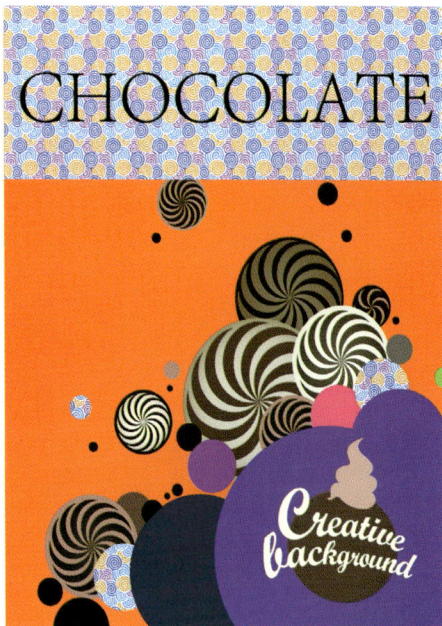

图 形

上下分割型的版式对于巧克力食品主题的海报来说显得有些生硬呆板。

色 彩

采用多种色彩且带有花哨图案的图片作为背景，干扰了浏览，读者获取信息很困难。

文 字

标题字体的选择纤细乏味，缺乏自己的特色。

3.7 倾斜型

倾斜型指版面主体形象或多幅版面作倾斜编排，使版面有强烈的动感和不稳定感，从而引人注目。

倾斜型版式中，文字有一定的阅读顺序，分以下几种情况。

在水平方向上，人们的视线一般是从左向右流动；垂直方向上，视线一般是从上向下流动；倾斜度大于45°时，视线是从上而下的；小于45°时，视线从下向上流动。

Metrich海报（西班牙）

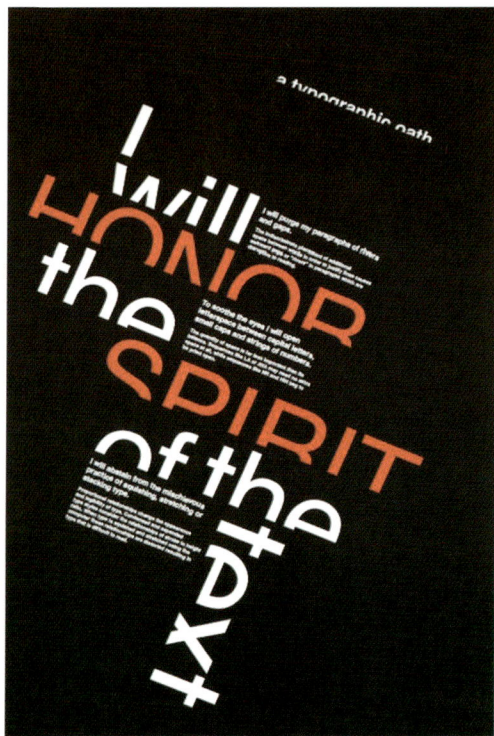

国外海报版式

约克大学学生作品展——海报版式

作品分析

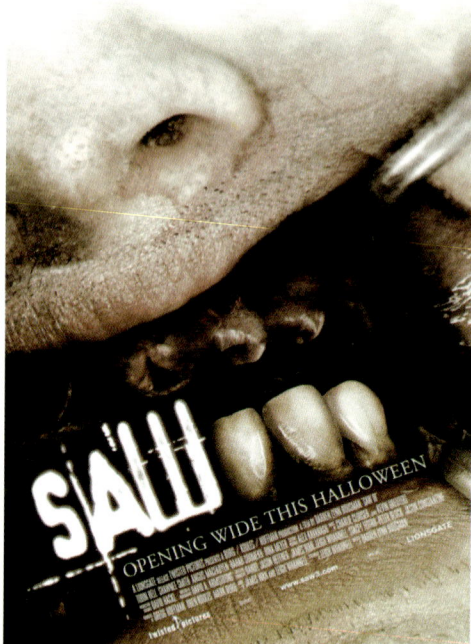

图 形

图片和文字都采用了45°的倾斜构图，给人不安和紧张感。满版的出血图将需要的细节更大程度地展现出来，给人饱满、深刻的印象。

色 彩

C22 M30 Y41 K0

C66 M69 Y68 K81

C2 M2 Y4 K0

发黄的旧照片效果、统一的黄灰色调营造出了恐怖和惊悚的氛围。

文 字

大写的"SAW"和图形相结合，下排文字采用左对齐整体性编排形成灰色的块面，使版面传达出秩序性和设计感。

图 形

这是JKF青年文化节报纸的排版设计，整套作品是一份32页的彩页报纸。排版设计将视角旋转了45°，让每个元素与图形相交叉。

色 彩

C17 M12 Y81 K0

C69 M64 Y60 K13

C15 M9 Y9 K0

大面积的黄色和黑色产生鲜明对比，黄色和蓝色叠印出来的绿色使得整个版面活泼而有层次感。

文 字

精心安排的文字在潜意识里引导着读者的视线。图版率较为均衡，既不会因为文字过多造成乏味，也不会因为图片过多降低了文字的信息量。

作品欣赏

问题分析

图 形

采用倾斜型版式，并用蓝色记号笔沿倾斜方向标注出标题，视觉导向非常明确。

色 彩

画面采用白色和湖蓝色搭配，清新干净，主题明确。

文 字

文字倾斜排列作为背景，充满动感，令人耳目一新。

　　在设计实践中，再好的创意也需要用精彩的视觉图形图像体现出来。下面就对比优秀原作，将具体设计中容易出现的问题，用图片展现出来，并进行针对性的问题分析。

图 形

构图过于松散，缺乏统一的视觉导向。

色 彩

背景的咖啡色文字与灰色搭配显得脏乱。

文 字

原有的横排文字生硬呆板，排列杂乱。低图版率容易造成视觉疲劳，给人沉闷感。

3.8 对称型

　　对称的版式给人稳定、庄重、理性的感受。对称有绝对对称与相对对称之分。一般多采用相对对称的手法，以避免过于严谨，以左右对称居多。

　　两个同一形状的并列与均齐，实际上就是最简单的对称形式。对称是同等同量的平衡。对称的形式有以中轴线为轴心的左右对称；以水平线为基准的上下对称和以对称点为源的放射对称；还有以对称面出发的反转形式。

Daniela Hasse招贴（巴西）

Crossword字谜书店海报（印度）

Kai & Sunny时尚广告

作品分析

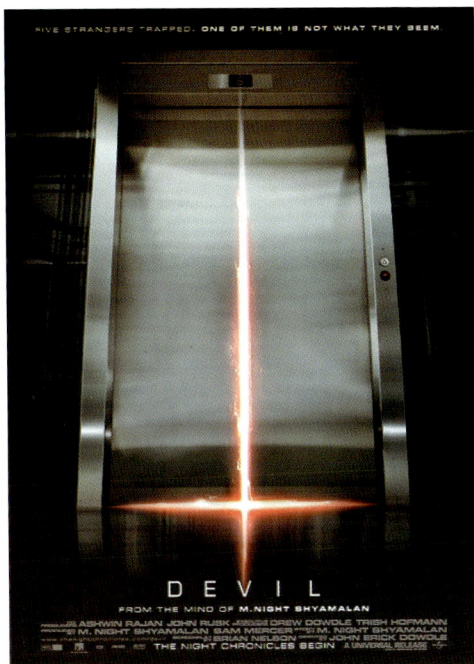

图 形

这是电影《电梯里的恶魔》的海报，画面中电梯门和门缝中透出的"十"字形光线构成对称。透露出密室空间的拥挤与恐惧，让人无法喘息。

色 彩

- ■ C75 M69 Y66 K89
- ■ C33 M15 Y23 K0
- ■ C8 M85 Y86 K1
- ■ C88 M65 Y57 K55

整个版面充斥着表现神秘与悬疑的冷色调。惊疑与恐慌的张力在画面中弥漫。

文 字

文字以居中对齐的方式放置在正下方。画面与文字形成对称结构的构图。

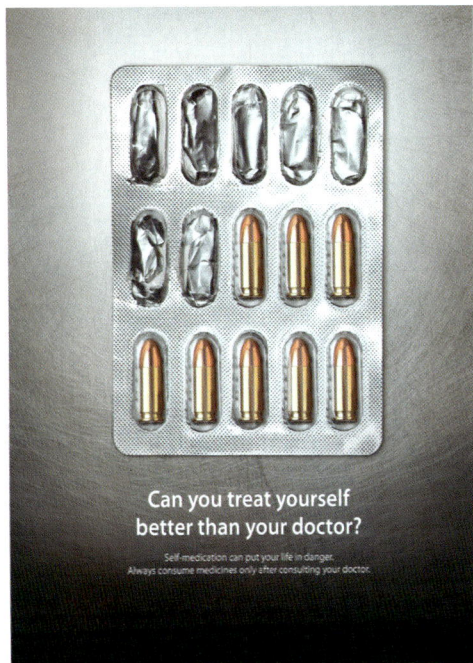

图 形

这是Patil Hospital的反对自我处理海报。子弹和空胶囊的对比揭示出主题：自我处理能使你处于危险状态，服药请遵医嘱。

色 彩

- ■ C47 M37 Y38 K2
- ■ C75 M68 Y66 K89
- ■ C17 M7 Y9 K0
- ■ C13 M36 Y71 K0

金属色调的版面，加上相对对称的版式，传达出一种严谨而专业的态度。

文 字

"你能比你的医生处理得更专业？"简洁的黑体字和对称的文字排版使得主题更具有说服力。

作品欣赏

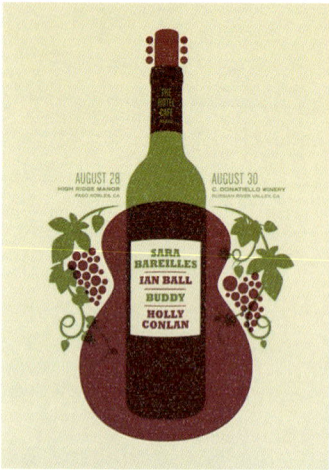

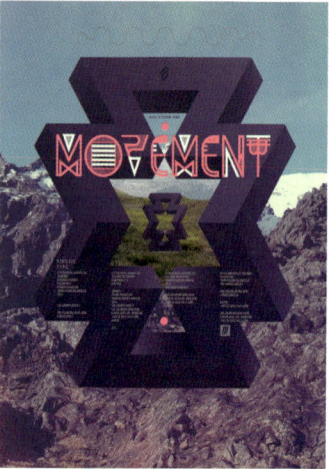
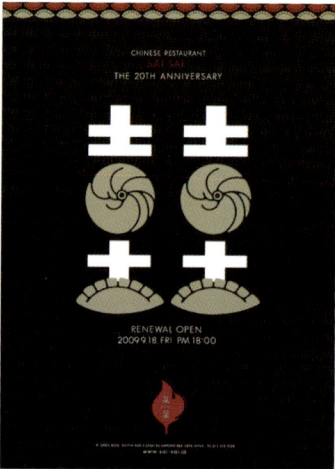
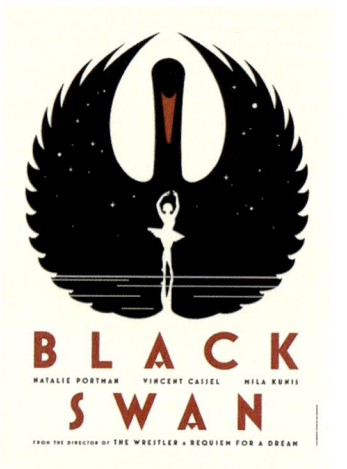
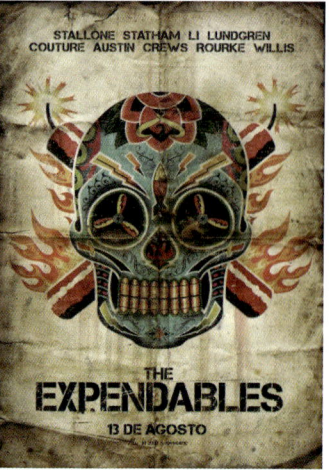

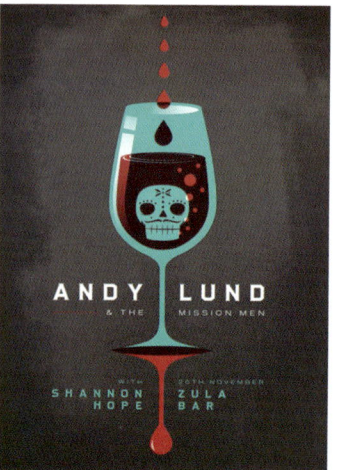

问题分析

Restaurant menu
salads · main dishes & desserts · cocktails · drinks

图 形

版面采用对称型构图，结合西餐厅的氛围，给人高雅、庄重的感觉。

色 彩

采用黑色和深咖啡色的搭配方式，色彩和主题显得非常统一、和谐。

文 字

把LOGO部分标准字居中对齐，放置到版面中心位置，恰到好处地点明了主题。

在设计实践中，再好的创意也需要用精彩的视觉图形图像体现出来。下面就对比优秀原作，将具体设计中容易出现的问题，用图片展现出来，并进行针对性的问题分析。

图 形

构图过于自由散乱，缺乏重点。

色 彩

上半部分的彩色条纹及下半部分的黄色餐桌令人眼花缭乱，不太符合西餐厅的氛围。

文 字

文字放置在画面正中比较突兀，黑色投影给人脏乱的感觉，LOGO部分的标准字也排列无序。

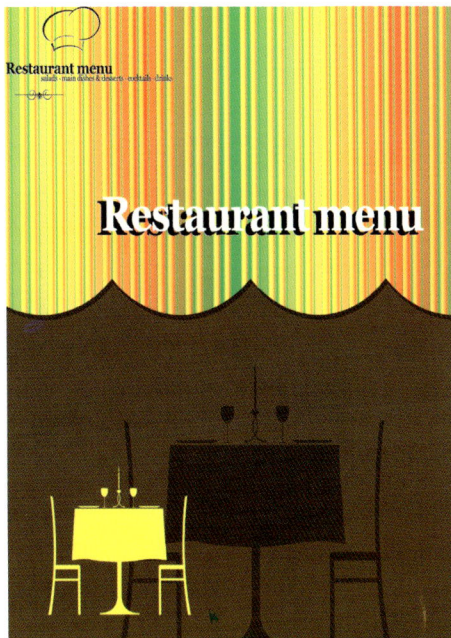

Restaurant menu
salads · main dishes & desserts · cocktails · drinks

Restaurant menu

3.9 重心型

重心型有三种概念。

1. 直接以独立而轮廓分明的形状占据版面重心。其重心的位置因其具体画面而定。在视觉流程上，首先是从版面重心开始，然后沿着形状的方向与力度的倾向来发展视线的流程。

2. 重心型又称为向心型，视觉元素向版面中心聚拢的运动。

3. 重心型又称为离心型，犹如将石子投入水中，产生一圈一圈向外扩散的弧线运动。重心型版式产生视觉焦点，使其强烈突出。

向心、离心的视觉运动也是重心视觉流程的表现。重心的诱导流程使主题更为鲜明突出。

3M胶水平面广告

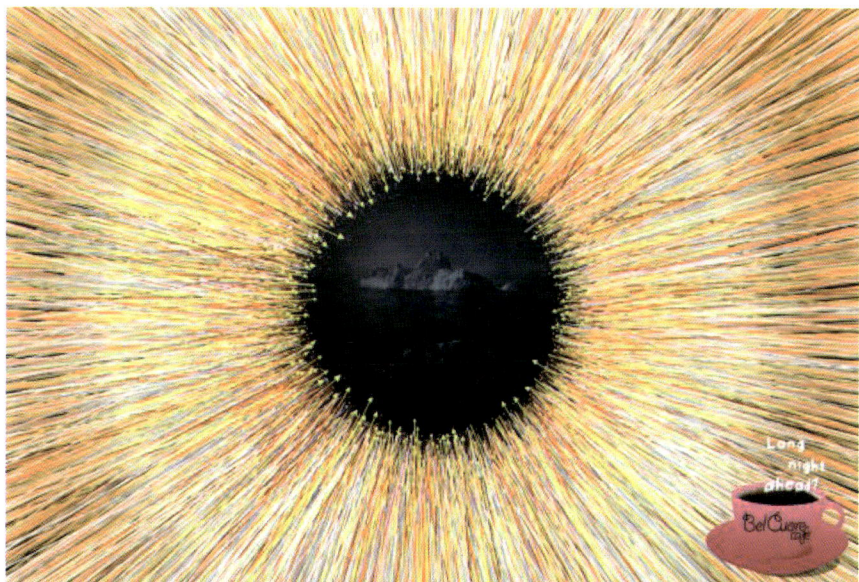

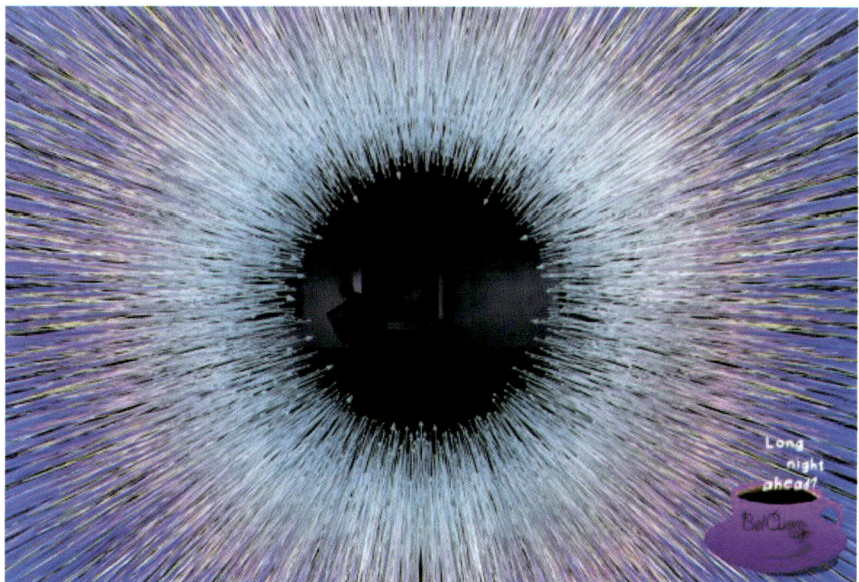

BelCuore 咖啡广告

作品分析

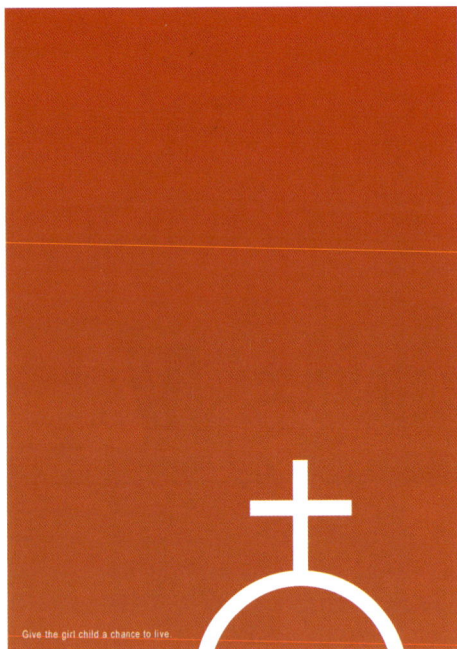

图 形

这是一则来自印度的广告，呼吁停止对女婴的扼杀。坟墓的图形和倒转的女性LOGO标志相结合，衬托了主题。

色 彩

■ C17 M100 Y100 K7

□ C0 M0 Y0 K0

大面积的红色配以白色的图形，象征着对女婴堕胎这一现象血淋淋的控诉。

文 字

左下角简洁的黑体字"Give the girl child a chance to live"（给女婴一个生存的机会）表明了广告所要传达的主旨。

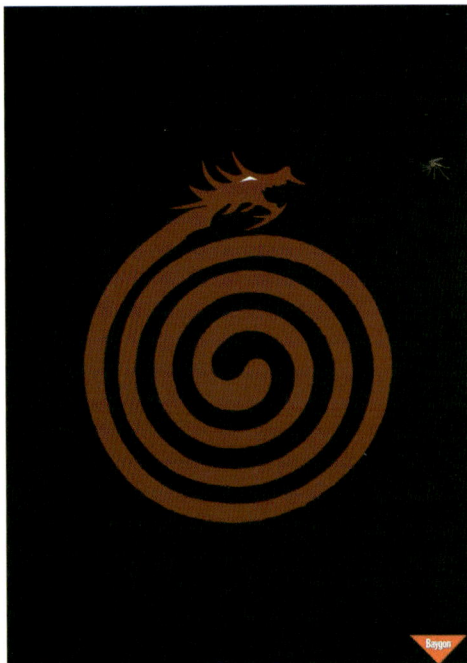

图 形

这是拜高Baygon化学品蚊香平面广告。用最简单的图形和最简洁的语言去表现创意，蚊香和龙的图形相结合，暗示产品的强大威力。

色 彩

■ C73 M69 Y66 K89

■ C31 M100 Y100 K47

■ C6 M94 Y100 K0

以纯色背景为主的平面广告比较难表达主题，如果运用得当却有难以言喻的视觉享受。

文 字

全篇没有任何的文案，只在右下角出现品牌的LOGO，把简洁发挥到了极致。

作品欣赏

问题分析

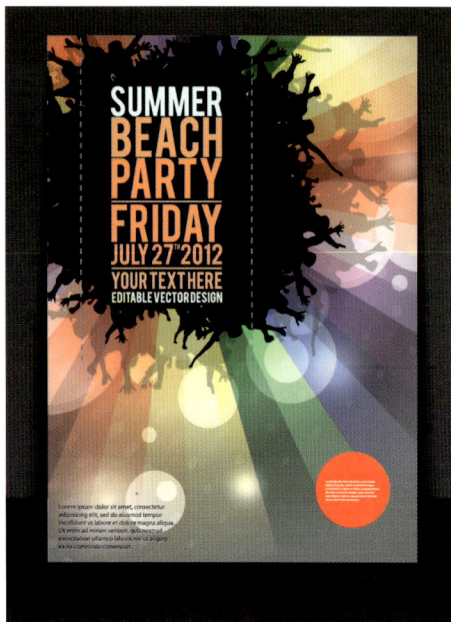

图 形

采用重心型版式构图,主题非常突出,太阳光芒般的射线展示出青春和活力。

色 彩

色彩的层次多而且丰富,适当降低透明度使之不显得花哨。

文 字

该版面的视觉重心设置在上部,排列齐整的文字块给人秩序、整体感。

在设计实践中,再好的创意也需要用精彩的视觉图形图像体现出来。下面就对比优秀原作,将具体设计中容易出现的问题,用图片展现出来,并进行针对性的问题分析。

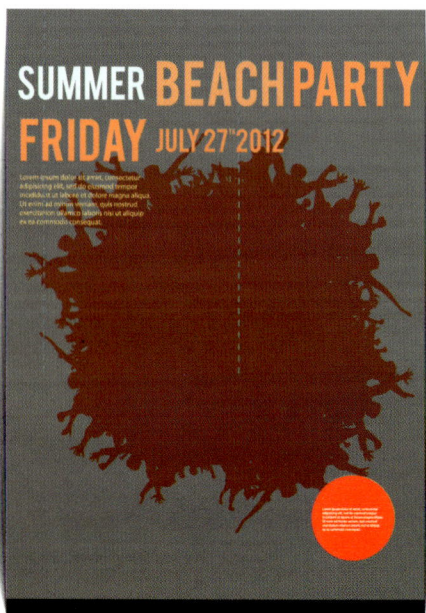

图 形

构图过于死板,整个版面缺乏动感和活力。

色 彩

两种不饱和的色彩缺乏明度及色相对比,稍显沉闷。

文 字

文字排列没有明显的网格结构,缺乏设计感。

3.10 三角型

在圆形、四方形、三角形等基本形态中，正三角形（金字塔型）是最具安全稳定因素的形态，给画面更安全、值得信赖的感觉。倒三角形则给人动感和不稳定感。

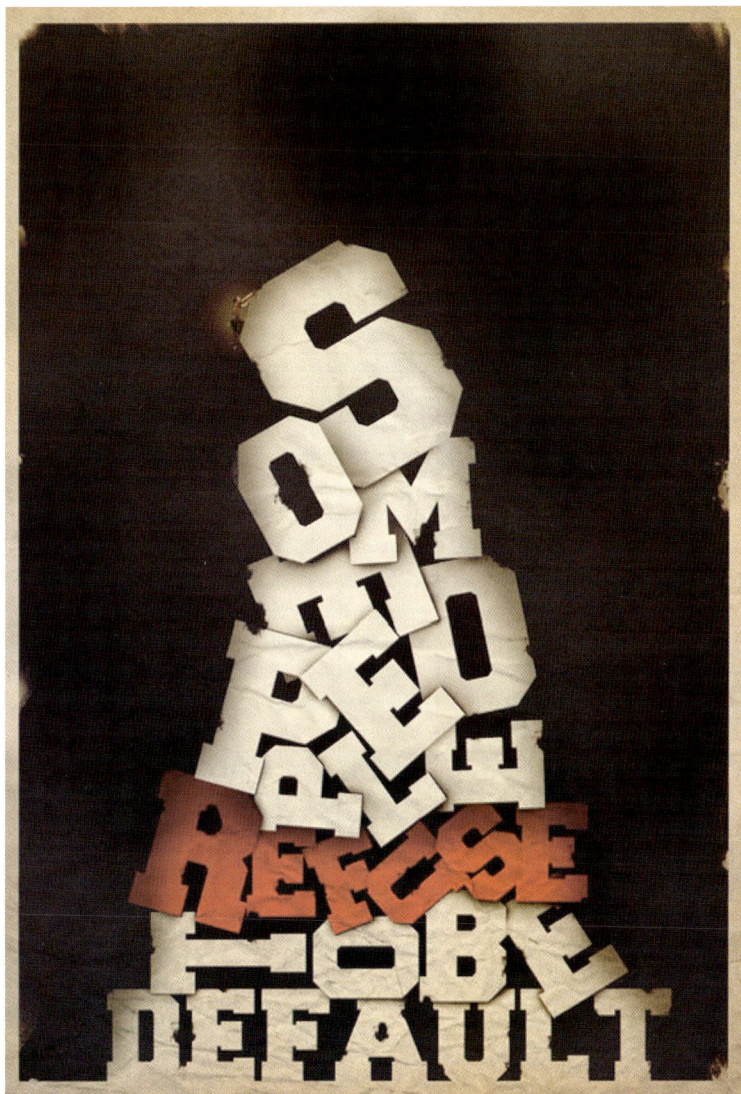

Refuse to be Default 海报

路虎汽车零件平面广告

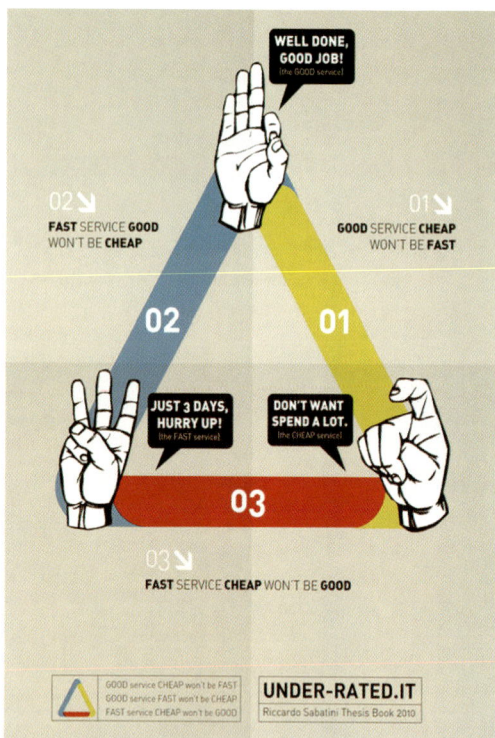

UNDER-RATED.IT 宣传海报

在三角型版式中，由于三条边是由不同方向的直线合拢而成，不同的线条组成不同形式的三角形，产生不同的趋势和变化，给人以不同的感受。

正三角形，像金字塔一样，底边与画面平行，两条斜边向上汇聚，其尖端有一种向上的动感。这种版式最稳定，在心理上给人以安定、坚实、不可动摇的感觉。

倒三角形与正三角形相比，效果完全相反，具有一种极强烈的不稳定感。

不等边三角形中最小的锐角具有一种方向性和运动感。等边三角形容易产生刻板、无变化的印象。不等边的三角形显得自然、灵活。而不同形状的三角形结合，则主次分明、疏密相间、富于变化，能够合理地分割空间，活跃画面构图。

作品分析

图 形

这是Omega Code乐队的海报。Omega Code是一支巴西的乐队，他们用三角形的集合作为自己的标志。

色 彩

■ C80 M74 Y60 K82

■ C76 M65 Y57 K51

C8 M4 Y12 K0

灰黑色调的搭配，淡绿色的烟雾，营造出神秘的氛围。

文 字

冷色调的烟雾状三角形集合，搭配手写体的 ˝Omega Code˝，令人过目不忘。

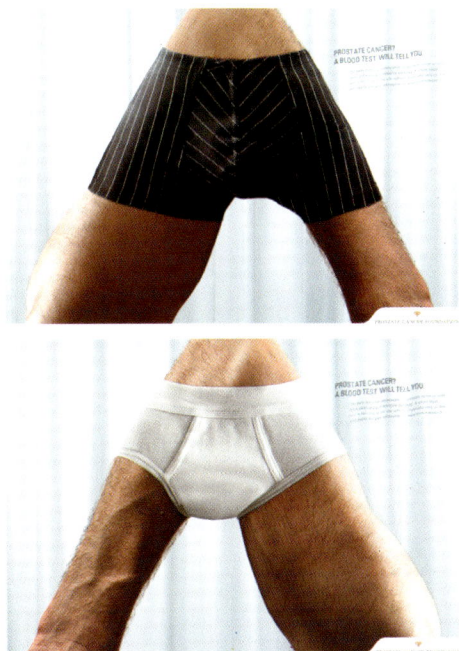

图 形

这是前列腺癌基金会的一则创意广告。幽默地利用手臂做出了吸引眼球的弧线，让人过目难忘，提醒大家前列腺癌的早期检查只要做一个简单的抽血化验。

色 彩

C9 M5 Y4 K0

■ C78 M69 Y63 K79

□ C2 M2 Y2 K0

■ C20 M49 Y61 K2

色彩运用非常简单干净却令人印象深刻。

文 字

文字被设计成波浪起伏状，与背景贴合紧密不至于太突兀，两种不同的字号使主题更加突出。

作品欣赏

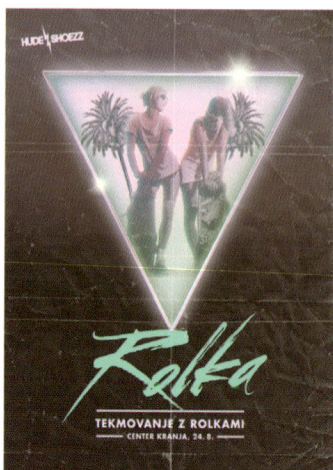

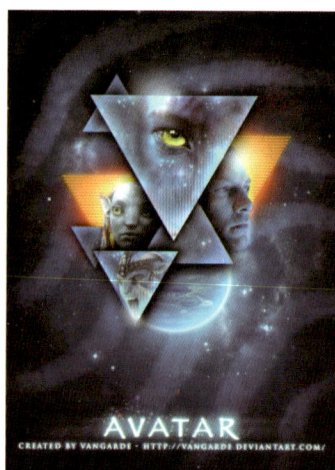

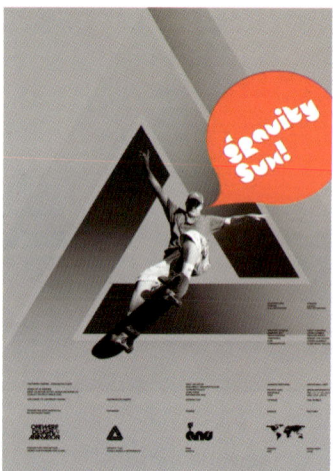

问题分析

图 形

版式采用三角型构图，充满运动感。

色 彩

色彩中采用大面积的蓝色，中和了黄色的明亮刺眼，同时也与三角形内部的蓝色相呼应。

文 字

文字放置在三角形拉链内部，整齐统一，同时增加了画面的空间感。下方文案两栏的布局比较合理，文字的排列方式营造出了版式的节奏。

精彩原作

在设计实践中，再好的创意也需要用精彩的视觉图形图像体现出来。下面就对比优秀原作，将具体设计中容易出现的问题，用图片展现出来，并进行针对性的问题分析。

图 形

整个版式左边内容过多，右边又太空洞。

色 彩

几组渐变的橙黄色叠加在一起缺乏层次感，且文字和背景较容易混淆。

文 字

主体文字的排列松散，头重脚轻，信息量大且不易阅读。

问题作品

3.11 并置型

　　并置型版式是将相同或不同的图片做大小相同而位置不同的重复排列，这种版面有比较、解说的意味，能赋予原本复杂喧闹的版面以秩序、安静、调和与节奏感。

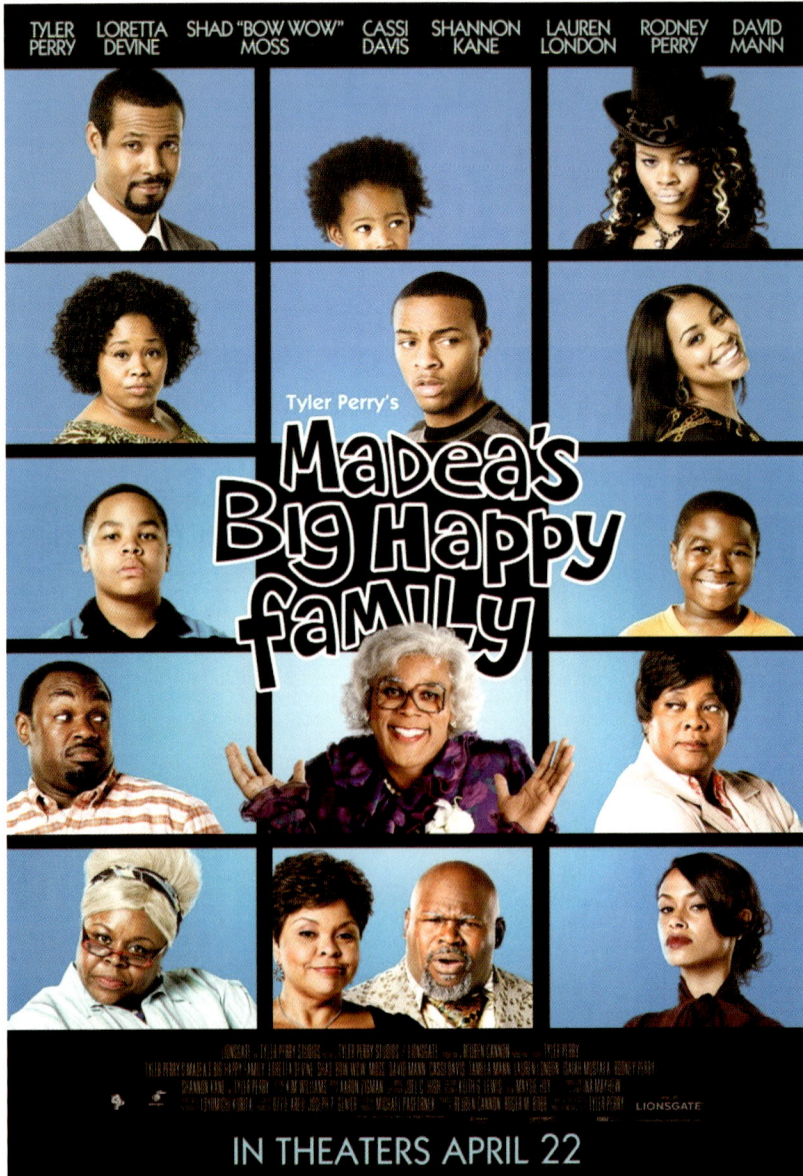

电影海报设计

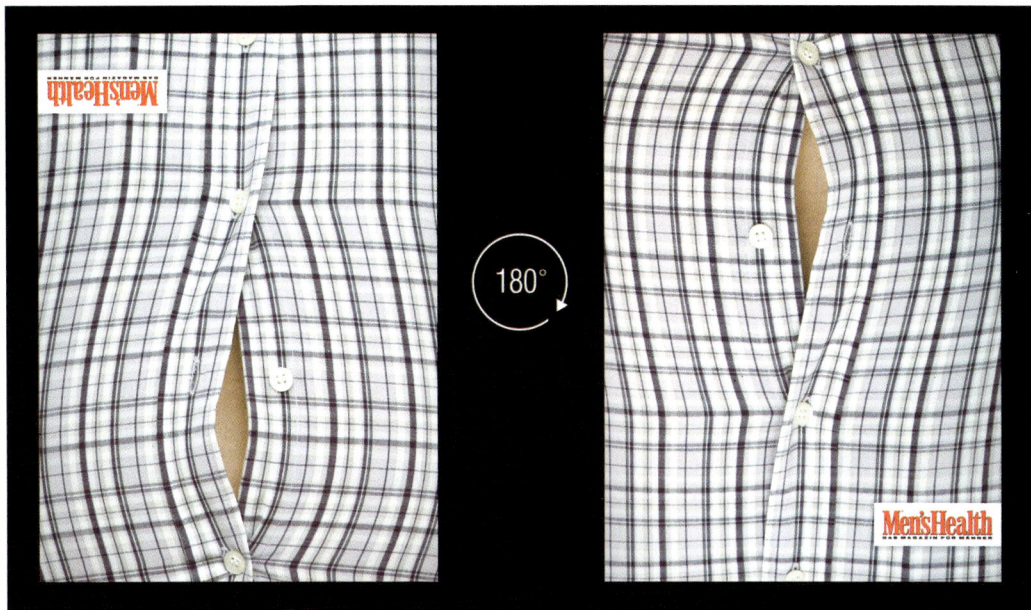

Men's Health 杂志广告，从 ˝啤酒肚˝ 到 ˝胸肌˝

糖尿病患者联盟的宣传海报（德国）

作品分析

图 形

这是电影《真爱至上》的海报。10张并置型图片反映出这是由10个爱情故事合编成的喜剧杂烩。十字形的丝带既象征了圣诞节，同时把10个零散的故事串联起来。

色 彩

■ C19 M100 Y96 K11　采用充满节日喜庆氛围的红色，
■ C76 M68 Y66 K88　温馨浪漫。
□ C1 M1 Y1 K0

文 字

整个版面采用粗细不同的两种黑体字，以红色和黑色相区分。与画面中的照片和丝带相呼应。

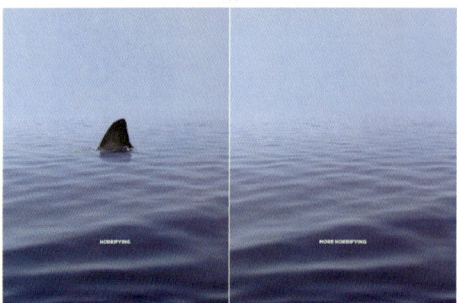

图 形

这是两幅来自土耳其的WWF公益海报。左右两张并置型图片中秃鹫和枯树枝的对比、鲨鱼和海水的对比一目了然。说明没有生机、死气沉沉的世界远比凶禽猛兽更可怕。

色 彩

■ C78 M64 Y48 K34　两幅图中背景用色都非常简单
■ C71 M52 Y16 K1　纯粹，重点在于突出"有"和
□ C29 M23 Y15 K0　"无"的对比。

文 字

文案采用白色黑体字置于版面正中，故意用了较小的字号，吸引读者仔细揣摩两者的区别。

作品欣赏

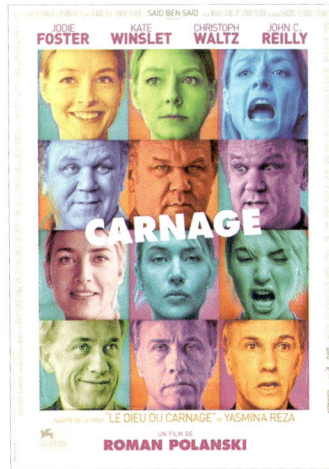

问题分析

精彩原作

图 形

商品并置型排列，与各自的价格相对应，井然有序。

色 彩

采用红色和浅灰色把画面上下分割开，色彩简洁，没有不相关联的色彩，画面的整体感较强。

文 字

大段的文字统一放置在海报下方的红色区域内，分为两栏，更加清晰，便于阅读。

在设计实践中，再好的创意也需要用精彩的视觉图形图像体现出来。下面就对比优秀原作，将具体设计中容易出现的问题，用图片展现出来，并进行针对性的问题分析。

图 形

商品摆放混乱，主题不够突出。

色 彩

色彩使用过多，画面显得脏且杂乱。

文 字

文字排列松散，无重点。

问题作品

3.12 自由型

　　自由型是指在版面结构中采用无规律、随意地编排形成，使画面产生活泼、轻快的感觉。自由型版式设计没有网格的约束，在排版上体现个性和风格化。在编排的过程中要注意把握画面的协调性。

国外创意海报1

国外创意海报2

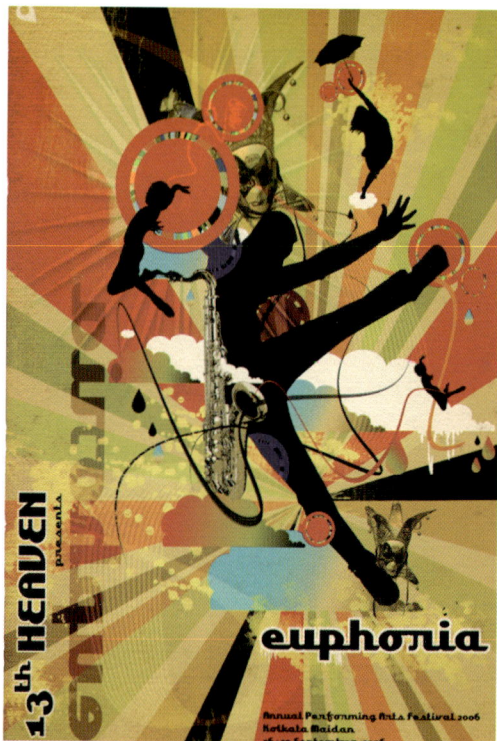

国外创意海报3

　　自由型版式设计中图与图、图与文字间多采用自由分散状态的编排方式，强调感性、自由、随机性、偶然性，强调空间和动感，追求新奇、刺激，常表现为一种较随意的编排形式。这种编排方式在国外平面设计中十分流行，而国内还偏重于相对规则、理性的编排方式。

　　在自由型版式设计中，看似毫无规律，但我们仍然有一定的阅读顺序，即视线随版面图像、文字等视觉元素导向上下左右的自由移动阅读，这种阅读顺序不如直线、弧线等快捷，但更生动有趣。

作品分析

图 形

这是由字体排版成的人物画像。大量出现的字体拼成创意人像，使得整个画像更具艺术感。

色 彩

■ C17 M95 Y89 K0

■ C75 M68 Y67 K89　　简洁的黑色和红色勾勒出一幅生动的人物简笔画。

□ C0 M0 Y0 K0

文 字

寥寥数笔的几个字母看似随意，却能体现出设计者细腻的功底，让人叹为观止。

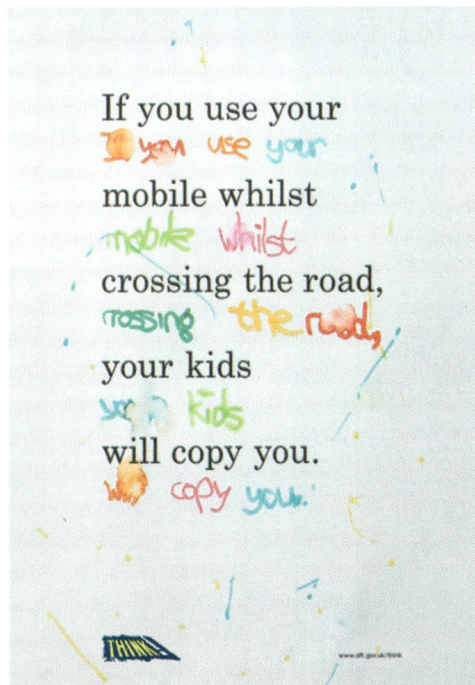

图 形

这是Think Mobile的宣传广告。简单而又大胆的版式和超强的创意令人难忘。

色 彩

■ C13 M12 Y13 K0

■ C4 M92 Y86 K0　　灰色背景上涂鸦文字的各种亮色分外艳丽。

■ C80 M11 Y63 K0

■ C6 M69 Y82 K0

文 字

印刷体的文字和下方儿童涂鸦的文字形成鲜明对比，同时形象地说明了文字的内容。

作品欣赏

问题分析

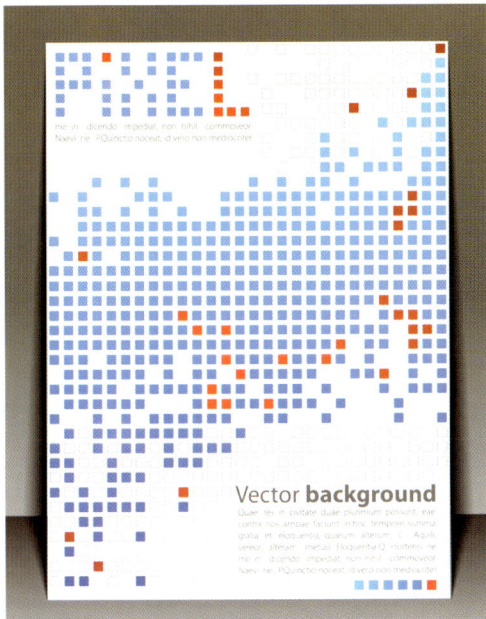

图 形

由马赛克般的方块图形组成的文字和图案给人一种起伏的韵律感和节奏感。

色 彩

色彩较为柔和统一，蓝色方块间穿插小面积的红色方块，打破了单一色彩的沉闷。

文 字

图形化的文字使整个版面更灵活且更有生气。

在设计实践中，再好的创意也需要用精彩的视觉图形图像体现出来。下面就对比优秀原作，将具体设计中容易出现的问题，用图片展现出来，并进行针对性的问题分析。

图 形

整个版面被分割成三部分，它们之间缺乏延续性与关联性。

色 彩

中间图形的色彩较花哨，缺乏整体感。

文 字

标题文字较小，不易识别，右下角的文字排列散乱。

3.13 四角型

　　四角型版式指在版面四角编排图形，这种结构的版面，给人严谨规范的感觉。四角型版式大多在画面中运用矩形边框，重构了空间的秩序感，使原本较杂乱的背景具有条理性和层次感，版面更为统一，主题得到强调突出。

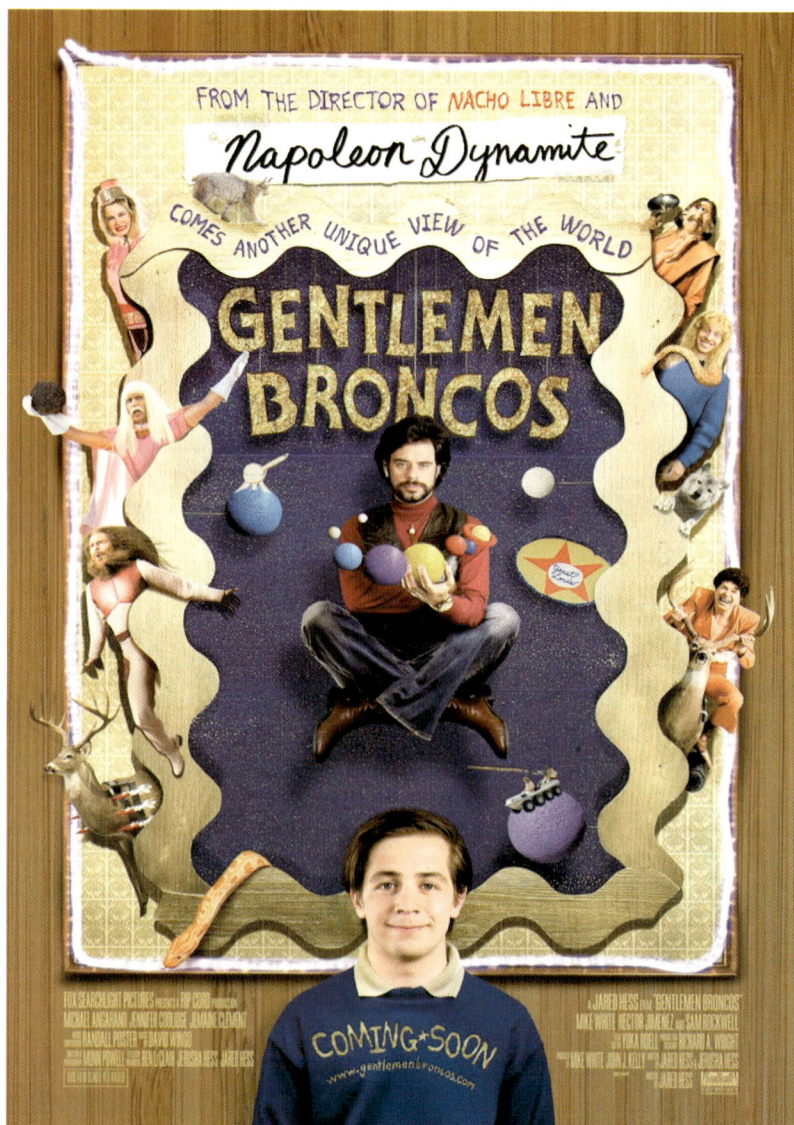

电影海报设计

国外海报设计

作品分析

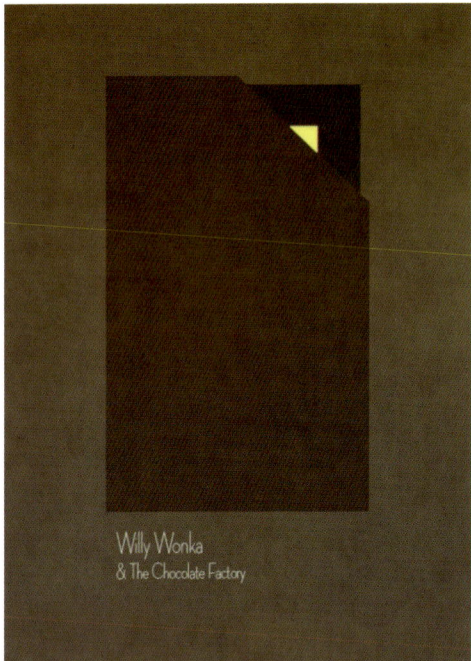

图 形

这是电影《阿波罗13号》的海报。整个画面中只有一个简单的长方形图案。"少即是多"的设计理念在这幅海报中被体现得淋漓尽致。繁冗华丽并不见得是件好事，做一道减法有时比做加法更引人深思。

色 彩

■ C62 M56 Y80 K55

■ C58 M66 Y80 K75

□ C6 M2 Y90 K0

不同层次的黑灰色中露出一角黄色，在画面中格外醒目。

文 字

文字字体极具装饰性，文字分成两行左对齐，简明扼要地表达了主题。

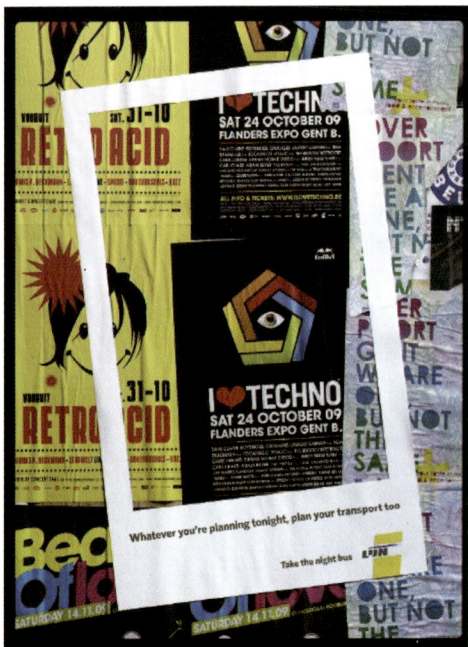

图 形

这是比利时国家公交公司De Lijn的海报。比利时国家公交公司De Lijn希望利用活动海报推广目前新增的晚班。四角型的排版使原本杂乱无章的背景立刻秩序井然。

色 彩

□ C22 M16 Y95 K0

■ C29 M100 Y86 K33

■ C74 M67 Y67 K86

□ C10 M9 Y2 K0

彩色的背景上白色的矩形方框统一了整个画面，同时略微倾斜，打破了画面的沉闷。

文 字

文字与白色四角型外框一样倾斜摆放。英文的意思是"无论您今晚计划做什么，也计划一下交通吧。乘坐晚班公交！"

作品欣赏

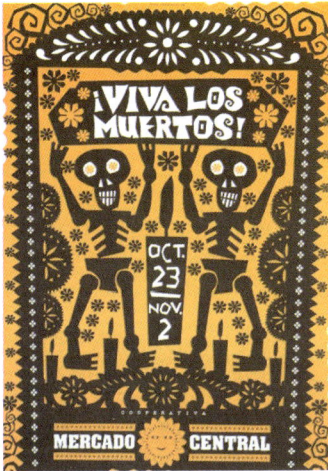

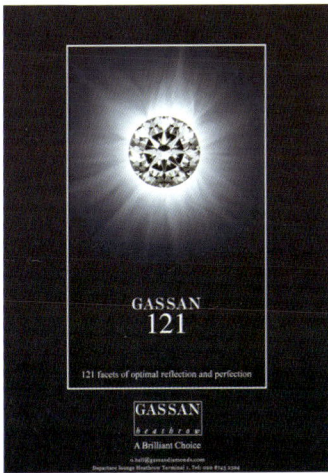

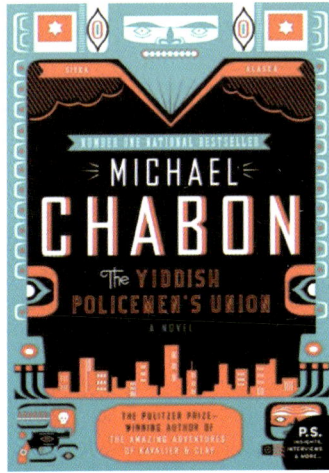

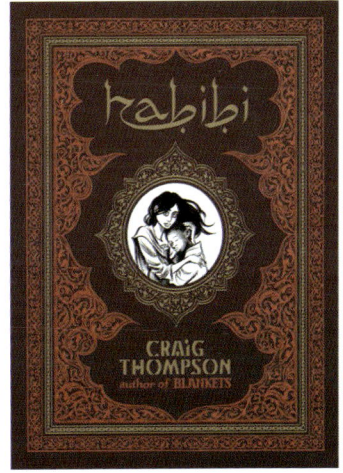

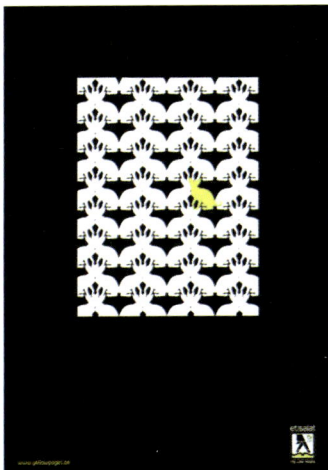

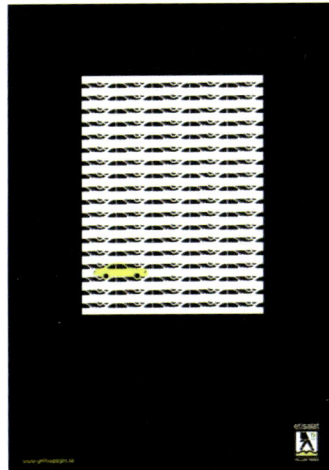

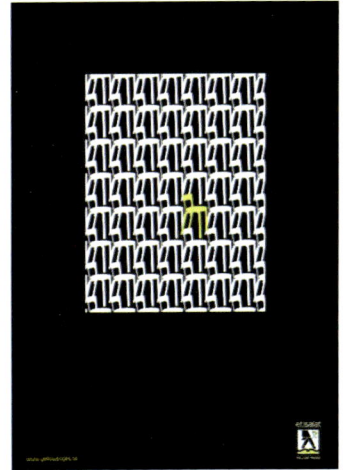

问题分析

图 形

富有装饰性的四角型边框加强了版面文、图组合的整体性与编排的协调性，使版面具有秩序美和条理美。

色 彩

深蓝色和浅蓝色的同色系搭配显得和谐统一。

文 字

根据画面的需求将文字划分为两个版块居中排列，有序而不呆板。

在设计实践中，再好的创意也需要用精彩的视觉图形图像体现出来。下面就对比优秀原作，将具体设计中容易出现的问题，用图片展现出来，并进行针对性的问题分析。

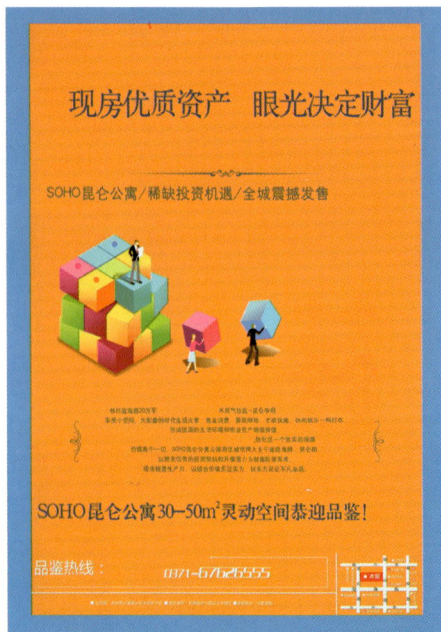

图 形

画面构图生硬呆板，信息杂乱无章。

色 彩

大面积的补色产生的对比令画面不太协调。

文 字

将所有的文字放在一个矩形中，显得比较散乱。

版式设计
的流程

4.1　确定主题

Red Balloon英语培训机构海报

　　版式设计前的第一个流程需要明确定位版式的主题，包括读者群体定位和版面主题内容定位。

　　通常情况下，页面所呈现出的视觉感受会吸引某一特定人群的关注。因此，在版式设计之前，明确该出版物要面向的大众群体，根据这类群体的年龄、喜好等特点来确定版式。例如，设计面向年轻人的时尚杂志时，版面应体现出年轻、时尚、个性化的特点。设计面向儿童的读物时，版面应尽量多图少文，配以色彩鲜明、富有趣味的图片和少量文字。

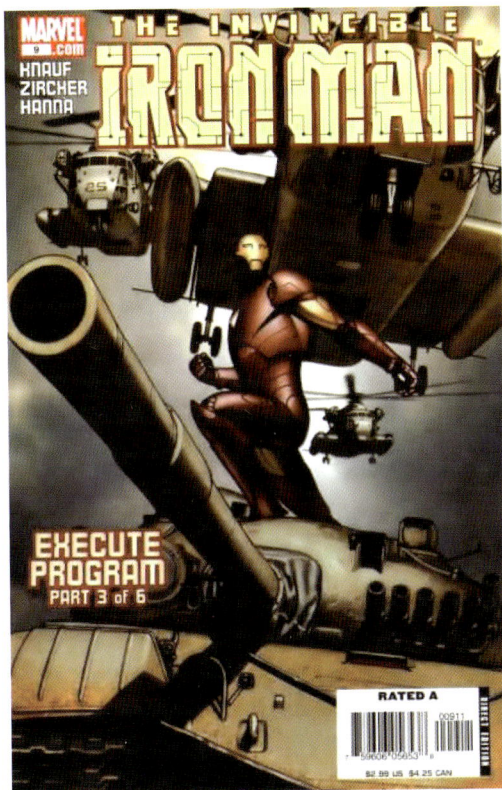

漫画书封面版式1

漫画书封面版式2

针对中老年人的读物不宜采用色彩纷繁、版面元素混搭的设计。艳丽花哨的版面给人不平静感，不适用于老年人。面向中老年人的读物应选择字号偏大的文字，内容编排通俗易懂，规整大方，符合常规的阅读习惯。

要使设计具有独创性、新颖性、准确性，在确定主题前必须和客户认真、仔细地沟通，明确客户的想法和要求，而后一起集思广益，反复论证，总结提炼出项目的主题。只有明确了版面的主题，为下一步的具体编排做好充分的准备工作，才能准确、恰如其分地进行编排设计。

作品分析

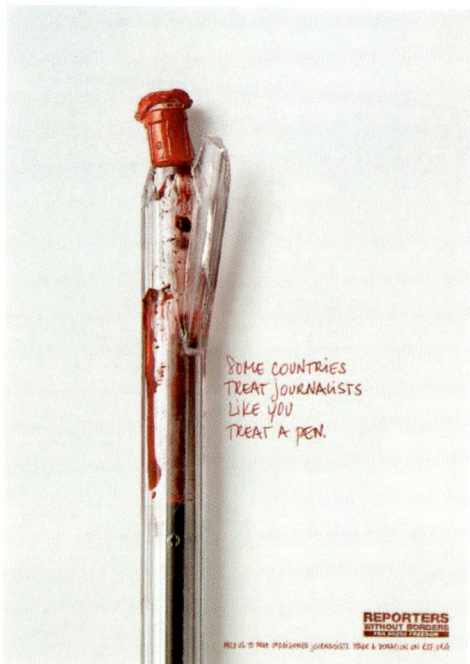

图 形

这是来自比利时的记者无国界组织（Reporters Without Borders）的公益广告。破损的笔杆图形象征记者遭受的迫害，呼吁人们进行在线捐助，以帮助被关押的记者，让他们重获自由。

色 彩

■ C23 M100 Y96 K16
■ C69 M61 Y61 K50
□ C11 M8 Y8 K0

纯色背景上红色的笔杆和里面喷溅的墨水令人触目惊心，能够对记者的遭遇产生极大的震憾。

文 字

英文"Some countries treat journalists like you treat a pen（有些国家对待记者，就像你对待这支笔一样）"，采用手写体的形式更有利于主题的表达。

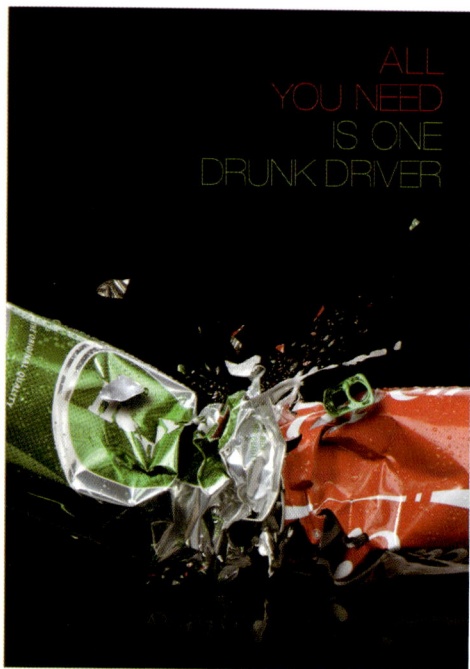

图 形

这是关于酒驾的公益海报。两个相撞后变形的易拉罐酒瓶形象地说明了这一主题。

色 彩

■ C79 M38 Y85 K30
■ C13 M96 Y80 K3
■ C73 M69 Y65 K88
□ C19 M18 Y6 K0

设计师大胆地采用了绿色和红色这一组原本不太协调的搭配，并通过黑色背景中和了两种补色的强烈反差。

文 字

用右对齐的方式将文字排列在画面右上角。采用和图形相同的红色和绿色，产生一种华丽、跳跃、浓郁的审美效果。

作品欣赏

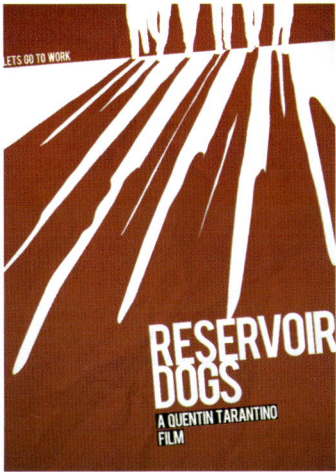

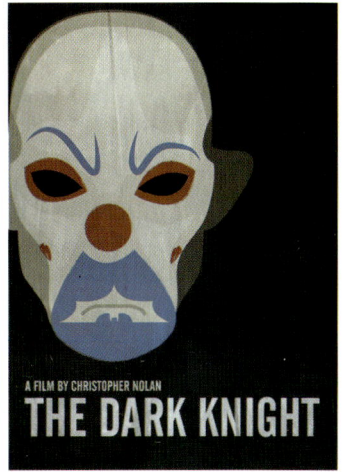
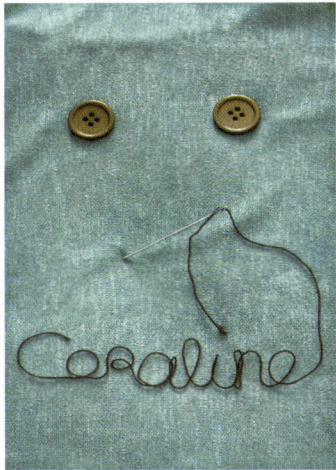

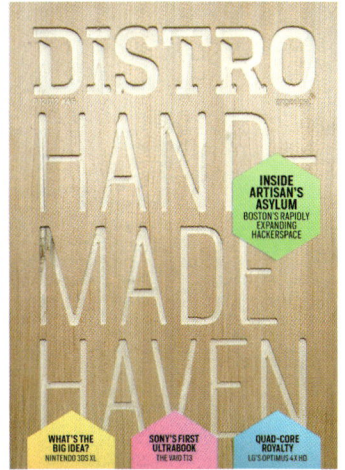

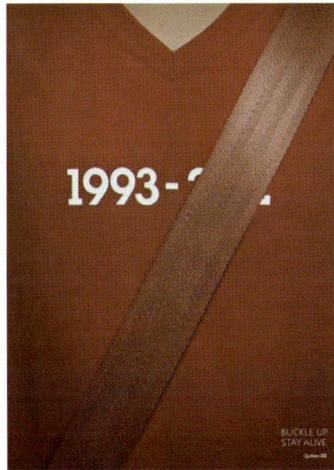

问题分析

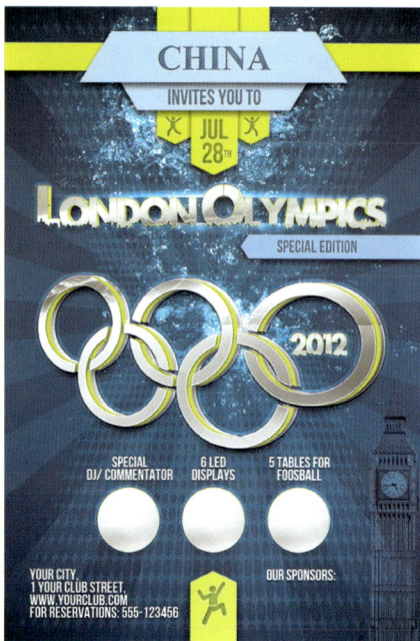

图 形

奥运五环及2012等元素充分展示了奥运会这一主题。背景中"伊莉莎白塔"这一伦敦标志性建筑则表明了举办地点。

色 彩

色调更加协调，蓝色和草绿色搭配给这张夏日的奥运海报带来一丝凉爽的感觉。在蓝色背景下，衬托出白色分外亮丽。

文 字

文字与五环图形相互联系，文字排列清晰明了，既有高度的视觉传达功能，又有强烈的秩序感和时代感。

在设计实践中，再好的创意也需要用精彩的视觉图形图像体现出来。下面就对比优秀原作，将具体设计中容易出现的问题，用图片展现出来，并进行针对性的问题分析。

图 形

整个版式过于平淡，缺乏能够代表2012伦敦奥运会主题的重点元素。

色 彩

红色背景较为沉闷，不能准确地传达这张海报的主旨。

文 字

文字全部堆在画面下方，显得拥挤不堪。

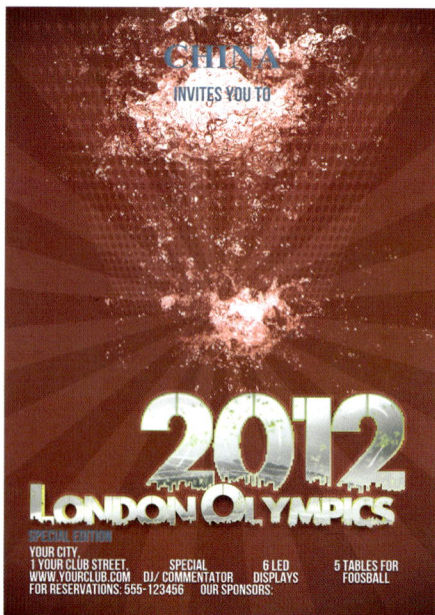

4.2 收集信息

莫斯科地标素材

纽约地标素材

确定好主题后，应根据平面设计的具体要求确定视觉元素的数量和色彩。这时就需要寻找、收集用于表达信息的素材，比如文字、图形图像等。文字所表达的信息最直接、有效，应该简洁、贴切。图形图像可以通过手绘、摄影、网络下载等方式根据主题的需要来收集整理。

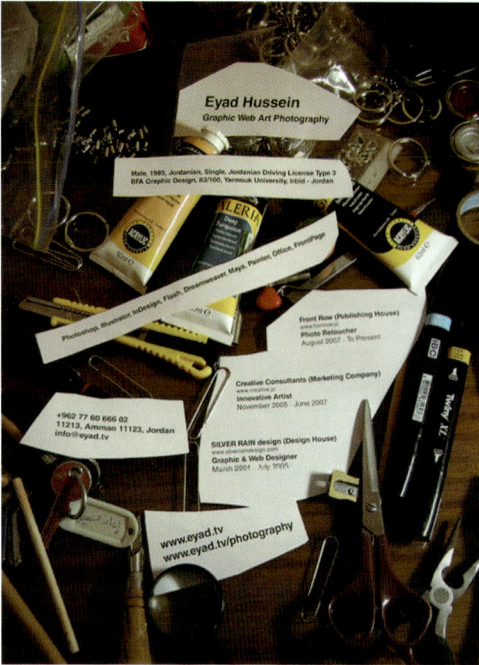

国外创意简历1

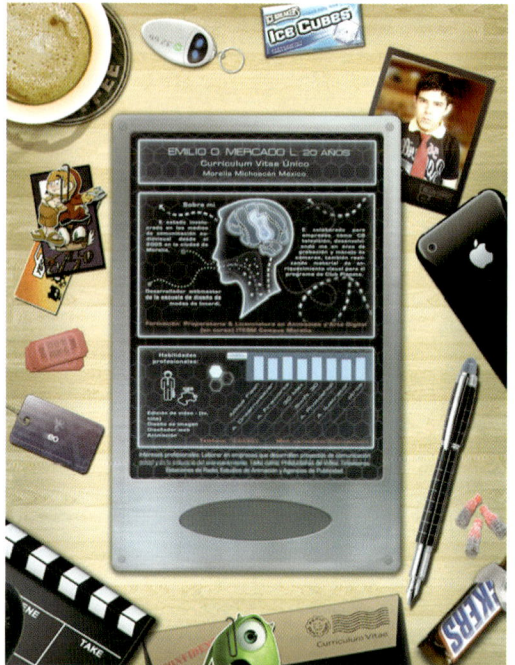

国外创意简历2

矢量设计素材

作品分析

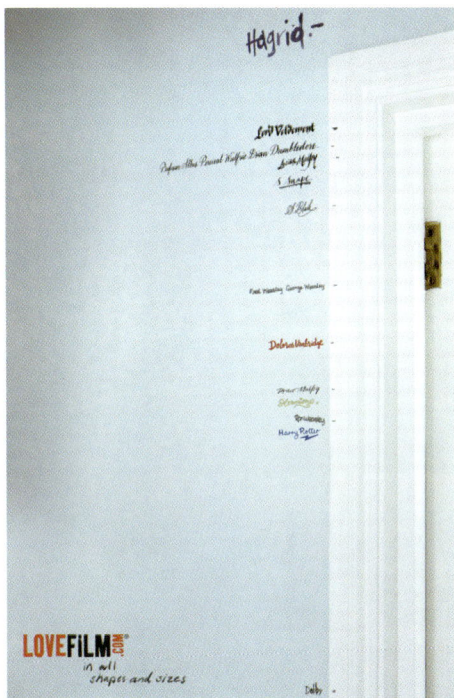

图 形

这是LOVEFILM.COM网站广告。在门框上的不同高度处用记号笔写下电影人物的名字。LOVEFILM.COM in all shapes and sizes，一语双关，用这些大家熟悉和热爱的人物形象让人倍感亲切。

色 彩

■ C19 M94 Y100 K10　白色背景上的彩色涂鸦看似随
■ C60 M50 Y42 K12　意，却给人留下深刻的印象。
□ C13 M10 Y10 K0

文 字

用手写字体的形式表达了甘道夫、阿拉贡、佛罗多、伏地魔、哈利·波特、天行者、尤达……各种角色，尽在LOVEFILM.COM。

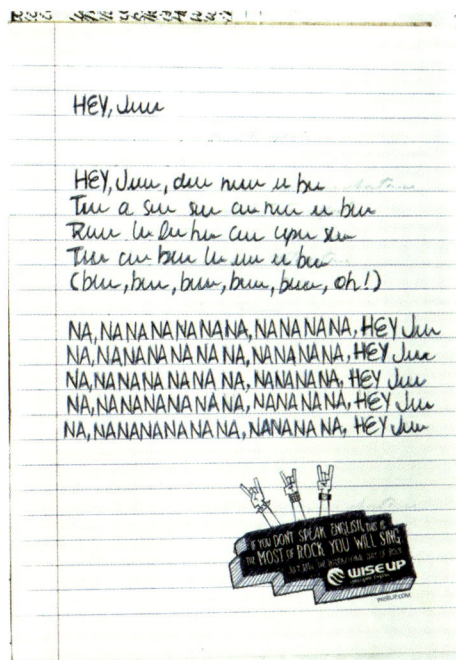

图 形

这是Wise Up English School 平面广告设计。运用了手绘笔记本的元素，暗示英语不好，你就只能唱这样的歌曲。充满新意的创意幽默地表现了主题。

色 彩

■ C91 M83 Y42 K38　白色纸质背景上的蓝色签字笔书
□ C4 M2 Y10 K0　写效果自然清新。

文 字

即使当今电脑技术已得到飞跃发展，手绘的便利性与极强的表现能力仍具有无法取代的独特魅力。将文字和LOGO采用手绘的方式呈现，能激发起人们的想象力，令人耳目一新。

作品欣赏

问题分析

图 形

图形中的各色卡通文字、不同造型的可爱小熊图案让画面充满生机，仿佛进入一个奇幻的世界。

色 彩

粉色背景甜美温馨，给版面增添了不少活力。

文 字

文字与图形相应，使卡通动物形象栩栩如生，跃然纸上。

　　在设计实践中，再好的创意也需要用精彩的视觉图形图像体现出来。下面就对比优秀原作，将具体设计中容易出现的问题，用图片展现出来，并进行针对性的问题分析。

图 形

作为一款背景素材，其中的图形分布不均，大小不一，后期应用性不强。

色 彩

原有的彩虹色作为背景过于鲜艳，淹没了主题。

文 字

缺乏说明性的文字，使得卡通动物的形象比较单一。

4.3 确定布局

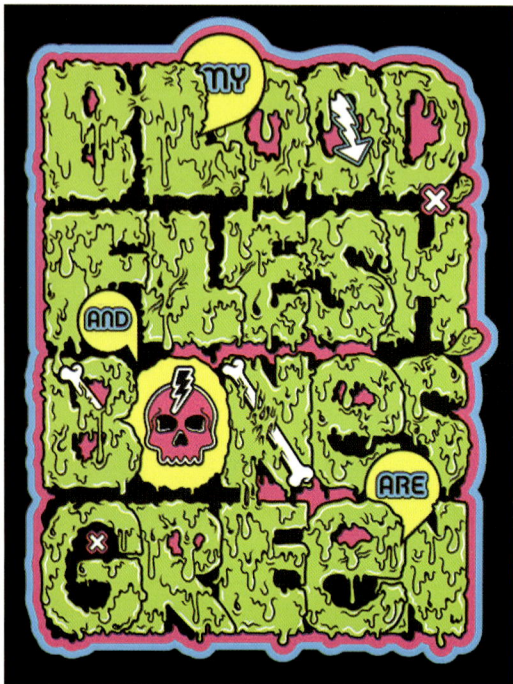

WHAM BACABAC海报设计（菲律宾）

Pixel Junglist海报设计（乌克兰）

　　不管版面的内容与形式如何复杂，最终的布局可以简化到点、线、面上来。在平面设计师眼里，世间万物都可归纳为点、线、面，一个字母或页码可以理解为一个点；一行文字或空白可理解为一条线；数行文字与一片空白，则可理解为面。它们相互依存、相互作用，组合出各种各样的形态，构建出千变万化的全新版面。

　　1. 点在版面上的应用

　　点的感觉是相对的，它是由形状、方向、大小、位置等形式构成的。这种聚散的排列与组合，带给人们不同的心理感应。点可以成为画龙点睛之"点"，和其他视觉设计要素相比，这一个点才是画面的中心；也可以是和其他形态的组合，这种点起着平衡画面轻重、填补一定的空间、点缀和活跃画面气氛的作用；不同的点还可以组合起来，成为一种肌理或其他要素，衬托画面主体。

2. 线在版面上的应用

线是点移动的轨迹，具有位置、长度、宽度、方向。直线和曲线是决定版面形象的基本要素。每一种线都有它自己独特的个性与情感象征。将各种不同的线运用到版面设计中去，就会获得各种不同的效果。设计者要善于利用它，就等于拥有一个最得力的工具。

从理论上讲，线是点的发展和延伸。线的性质在编排设计中是多样的。在许多应用性的设计中，文字构成的线，往往占据着画面的主要位置，成为设计者处理的主要对象。线也可以构成各种装饰要素以及各种形态的外轮廓，它们起着界定、分隔画面各种形象的作用。作为设计要素，线在设计中的影响力大于点。线要求在视觉上占有更大的空间，它的延伸带来一种动势。线可以串联各种视觉要素，可以分割画面和图像文字，可以使画面充满动感，也可以最大限度地稳定画面。

不同的线表现不同的意念。粗线有力，细线锐利。线的粗细可产生远近关系，线还有很强的方向性。垂直线有庄重、上升之感；水平线有静止、安宁之感；斜线有运动、速度之感；而曲线有自由流动、柔美之感。

3. 面在版面上的应用

面在空间上占有的面积最多，因而在视觉上要比点、线来得强烈、实在，具有鲜明的个性特征。面可分成几何形和自由形两大类。因此，在排版设计时要把握相互间的整体和谐，才能产生具有美感的视觉形式。在现实的排版设计中，面也包括了各种色彩、肌理、形状和边缘等，这些对面的效果也有很大的影响，在不同的情况下会使面的形象产生极多的变化。在整个基本视觉要素中，面的视觉影响力最大，它在画面上往往是举足轻重的。

作品分析

图 形

这是智利的一则关于环境保护的公益广告，椭圆形的布局表达了因果循环的意义，电锯和树木象征着我们对世界做了什么，世界就会回报给我们什么。

色 彩

■ C35 M73 Y90 K34

■ C78 M30 Y100 K3

■ C49 M41 Y41 K5

■ C16 M52 Y100 K2

背景的浅灰色与树木的咖啡色搭配协调。文案的颜色选择和LOGO相同的灰褐色，加强了整体感。

文 字

文案 "WHATEVER YOU DO TO THE WORLD YOU DO TO YOURSELF" 排列成圆弧状放置在椭圆形内侧，表现出循环的理念。

图 形

这是三洋CA8数字水下摄像机的创意广告，分别使用两张照片用上下分割的构图形式组合在一起。

色 彩

■ C95 M76 Y53 K60

■ C73 M51 Y38 K12

■ C36 M16 Y31 K0

■ C74 M73 Y62 K82

海底的深蓝色和天空的浅蓝色合成一幅美妙的画面。

文 字

两组文字的上半部分和下半部分重新分割组合，同时保留了原有字体的识别性，极富想象力而又很好地诠释了商品的特性。

作品欣赏

问题分析

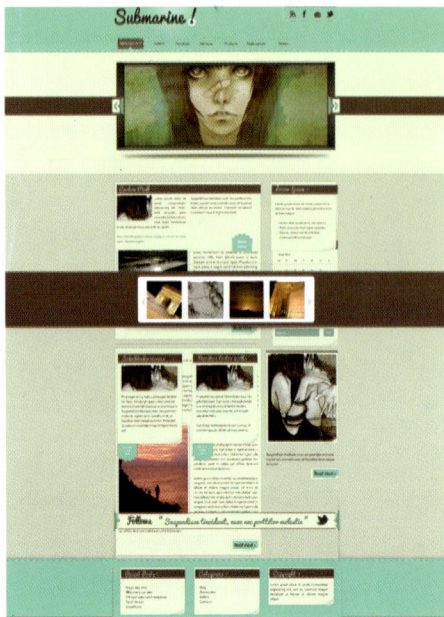

图 形

将版面按照骨骼规则有序地分割成大小不等的空间单位，利用左右留白的体量感来使页面达到平衡，使网页更生动，富有光彩。

色 彩

使用了不同明度和饱和度的绿色搭配暖灰色，使画面具有阶梯状的跳跃感，活力十足。

文 字

文字分为三栏，简明扼要，清晰明了。宽阔的页边距使图片和标题编排起来更容易。

在设计实践中，再好的创意也需要用精彩的视觉图形图像体现出来。下面就对比优秀原作，将具体设计中容易出现的问题，用图片展现出来，并进行针对性的问题分析。

图 形

版式缺乏骨骼的支撑及分栏，图形分布比较散乱。

色 彩

几种颜色没有明确的色相，相互之间无联系。

文 字

文字字号大小不一，排列较为随意，缺乏引导读者视线的线索。

4.4 软件处理

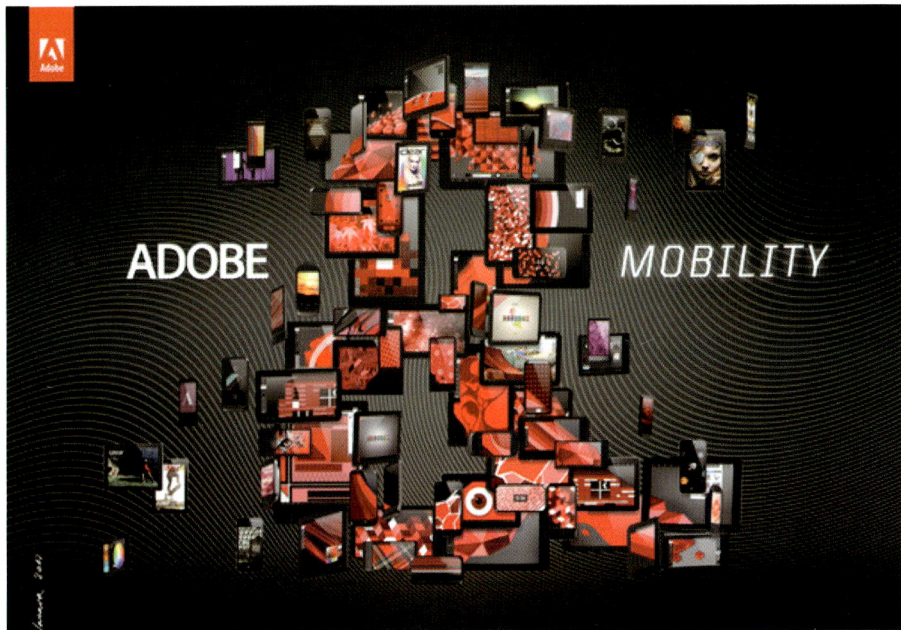

Vasava作品：adobe&系列（西班牙）

根据草图样式将收集的图形、照片等素材输入到电脑中，通过图形图像处理软件进行编辑和后期处理。在这个阶段要认真仔细推敲版式中每一个视觉元素，文字字体和大小、图片的位置、版式整体色彩等。使版式设计尽可能完美，尽量避免出现文字疏漏或文字错误带来的不必要损失。经过认真仔细的校对后将方案打印出来提交给客户。

20世纪80年代以来，电脑技术的发展和普及对版式编排有了很大的冲击。电脑使设计师能够在很短的时间内对设计方案进行大量的修改，可以迅速地在瞬间将设计方案提出、优化和完善。电脑也让设计师有了更多的设计表现和制作手段。

"工欲善其事必先利其器"，动手开始设计之前首先需要选择一款简单、实用的软件。目前市面上常用的图形图像处理及排版软件有Photoshop、CorelDRAW、Illustrator、InDesign、AutoCAD、3ds Max、Maya、PageMaker、FreeHand和QuarkXPress等。这些软件能够处理较为复杂的图形图像及动画设计，可以制作专业品质的精美印刷品。

地铁杂志广告

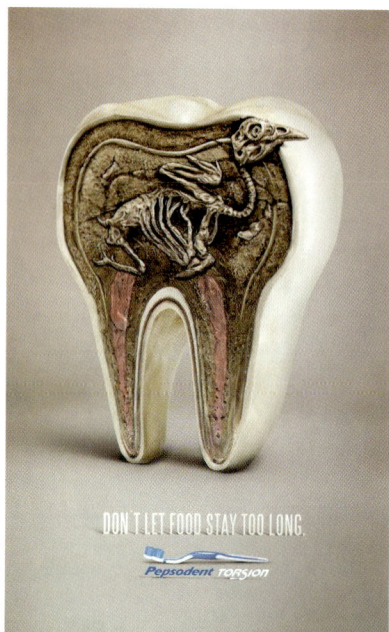
牙刷创意广告

在众多的排版软件中，Adobe InDesign是目前国际上最常用、最专业的排版软件。成功地打破了传统排版软件的局限，完全与QuarkXPress、PageMaker 相兼容，并融合了Photoshop、FreeHand、Illustrator 等图形图像处理软件的许多优点，用户能在排版软件中直接对图形图像进行各种复杂的调整、配置和设计。

InDesign具有强大的电子出版和网络出版的制作功能，可制作出令人满意的纸质出版物、电子出版物等。作为一款优秀的图形图像编辑及排版软件，不仅能够产生专业级的全彩效果，还可以将文件输出为PDF、HTML等文件格式，是跨媒体出版的领航者。InDesign是多页面高效排版设计的不二之选，能加速工作进程，美化创作环境，更加得心应手地整合图形复杂、组排出精细的专业版面。

作品分析

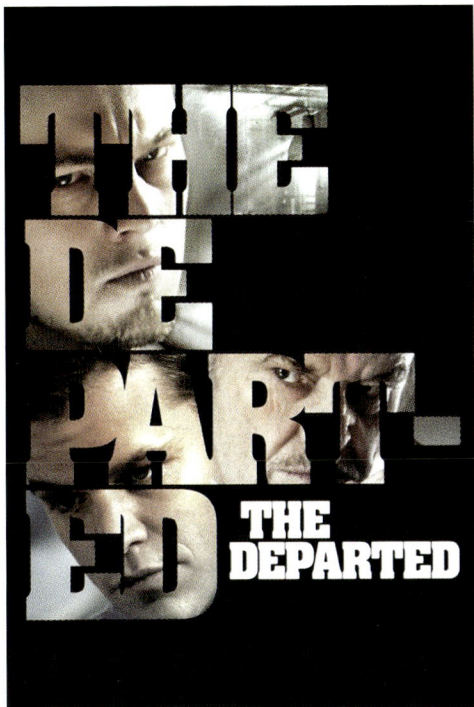

图 形

这是电影《无间行者》的海报。用图像处理软件将标题字的字形与图像画面很好地结合起来，利用字体间隙破坏画面完整性，呈现出了意想不到的效果。

色 彩

■ C24 M36 Y41 K0
■ C74 M68 Y66 K87
□ C0 M0 Y0 K0

采用黑色、灰色、白色的无彩色配色方案，给人强烈的压抑感。

文 字

透过文字呈现出来的画面给人一种迷乱、紧张与不安定的感觉。在这里文字不仅是传递信息的重要载体，也是设计元素的重要组成部分。

图 形

这是Magimage图像处理软件的海报。这张平面海报构图大方、干净，表意集中、直接，强调了Magimage是一款帮助大家便捷、准确地处理图像的软件。

色 彩

■ C67 M54 Y44 K18
■ C58 M35 Y87 K16
□ C33 M22 Y17 K0

如同水彩画一样淡雅的色调，给人清新愉悦的视觉感受。

文 字

右下角的文字和LOGO点明了主题，表达出Magimage图像处理软件精细、准确的编辑效果。

作品欣赏

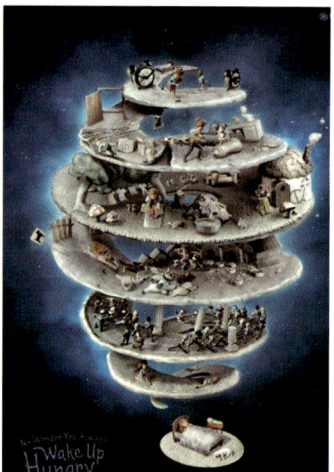

问题分析

图 形

通过对人物形象进行后期处理，营造出魔幻唯美的视觉感受。电影主角呈三角形，交错重叠排列打破了版面呆板、平淡的格局。

色 彩

蓝色背景层次分明，增强了版面的感染力和艺术表现力。

文 字

将文字设计为金属字，充满质感同时又兼具装饰效果。

在设计实践中，再好的创意也需要用精彩的视觉图形图像体现出来。下面就对比优秀原作，将具体设计中容易出现的问题，用图片展现出来，并进行针对性的问题分析。

图 形

人物排列过于散乱，主角的大小和位置有待润饰完善。

色 彩

大面积的纯粹蓝色使背景略显单调，红色标题较为突兀。

文 字

几个文字元素排列随意，不能给予观众视觉美感，难以引人注意。

Chapter

版式设计的应用

5

5.1 报纸版式

《环球邮报》报纸版式（加拿大）

《Republican-American》报纸版式（美国）

　　报纸版面设计是一项创造性的系统工程，要充分运用版面语言的基本要素，遵循简约明快、注重视觉冲击力、追求动态美等法则，设计出活泼、大方、和谐统一、多姿多彩、富有审美创造力的版面。

　　报纸每天的版面既不能重复，又要能体现一份报纸特有的风格。一个好的版面可以更好地表现舆论导向的正确性、版面内容的可读性，也可以充分展示其可欣赏性。对读者而言，看到这样的版面是一种享受，会引起想要精读内容的强烈欲望。

　　报纸的版面由形状各异的文章区组合而成。为了使版面有特点，编辑往往用新颖的形式去赢得读者。一个版面既要突出重点，使文章区集中、完整，又要使读序流畅、有层次感和节奏感，使读者一目了然，沿着文章的走势顺利阅读完全篇。

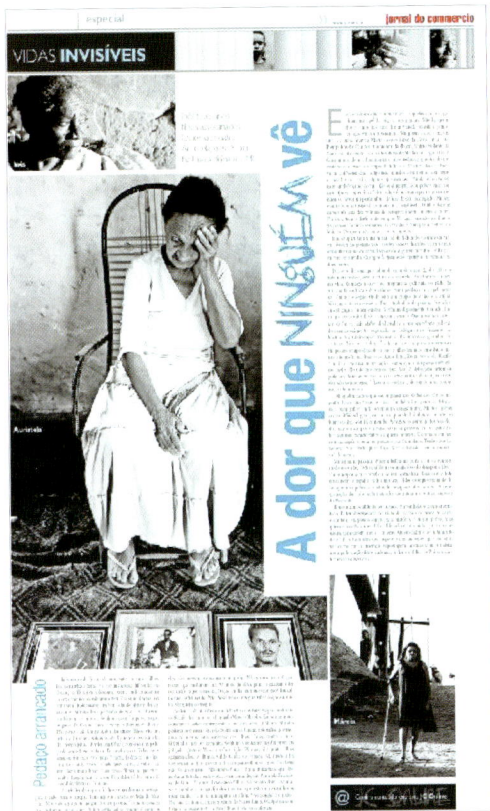

Jornal do Commercio报纸版式（巴西）

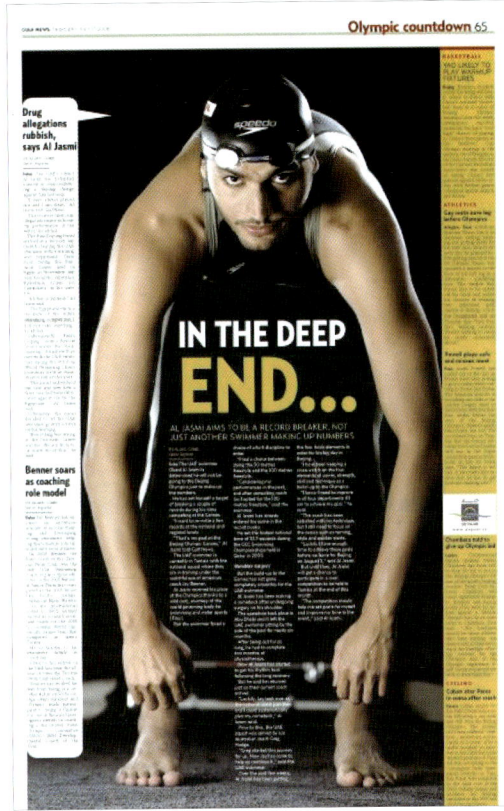

迪拜海湾新闻报纸版式（阿联酋）

　　一个好的版面，既能使人感到有可读、可视的版面内容，又要有较高的思想性、艺术性，是思想内容、新闻内容与艺术美的结合体。一个有个性的版面是由各个有特征的版区、有特征的标题和有特征的照片科学、艺术地组合而成的。用有特点的造型艺术设计的版区，会吸引读者的特别注意。同样，由于标题是一篇文章的高度概括，是引导读者阅读全文的重要媒介，因此有个性、有特点的标题可强化读者的视觉感染力。

　　此外，在彩色报纸版面设计中还可充分利用色彩的视觉冲击力，设计出有个性、有视觉特征的版面。

作品分析

图 形

这是来自波兰华沙的报纸the rzeczpospolita的版式设计。它的特点是布局较为传统保守，信息量大且易于阅读。

色 彩

■ C4 M100 Y90 K0
■ C76 M70 Y63 K87
■ C9 M7 Y5 K0

报纸新闻版面中，颜色不宜太多，否则将增加受众在一大堆色彩中解读、辨认信息的难度。

文 字

文字采用传统的七栏布局，内容占主导地位。醒目的标题与细小的内文错落排列，产生了强烈的节奏感，增强了读者的阅读性。

图 形

这是"9·11"事件十周年时国外报纸的头版设计，黑色的文字构成数字11的形状。

色 彩

■ C28 M100 Y100 K32
■ C46 M4 Y16 K0
■ C64 M56 Y55 K30

版面颜色采用了美国的国旗色红、白、蓝以纪念在"9·11"恐怖袭击事件中的遇难者。

文 字

文字采用比较少见的通栏并且不分段，通过两种颜色的对比凸显主题，给人以强烈的视觉震撼。

作品欣赏

问题分析

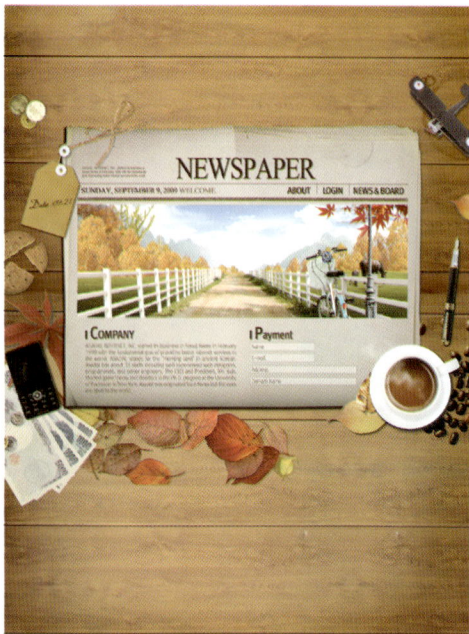

图 形

图形采用了报纸等元素，非常具有设计感。

色 彩

几种色彩的对比显得平静而趋于统一。彩色的图片在白色的背景和边框的映衬下尤为抢眼，图片的信息在视觉方面得到了充分的表达。

文 字

文字通过报纸新闻的形式表现出来，通过视觉化引导，让读者专注于核心内容，聚集读者视线的焦点。

在设计实践中，再好的创意也需要用精彩的视觉图形图像体现出来。下面就对比优秀原作，将具体设计中容易出现的问题，用图片展现出来，并进行针对性的问题分析。

图 形

网页中没有区分不同信息的重要程度，图形和文字排列散乱。

色 彩

咖啡色背景缺乏质感，让人感觉较为单调。

文 字

通栏的排版阅读起来较吃力，不适合用于报纸正文。

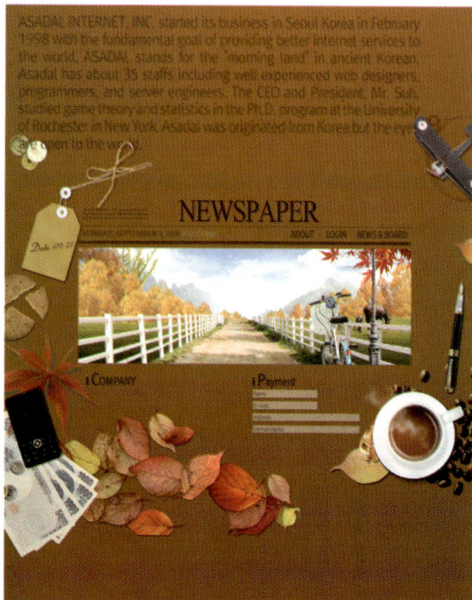

5.2 杂志版式

　　杂志的内容是丰富的又是各自独立的，读者在翻阅时不像翻阅书籍那样从头至尾按页翻阅，而是从任何一页翻阅都有一个新的内容中心，所以杂志的版式设计是一个比较完整的内容，有题目、正文、插图，又要注意前后的连续性。

5.2.1 杂志封面版式

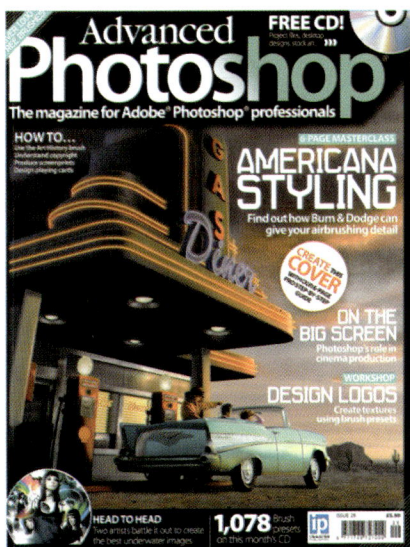

Photoshop 杂志封面版式

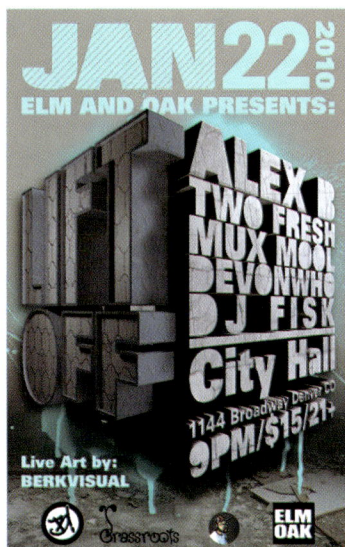

JAN22 杂志封面版式

　　在现代杂志设计中，一个具有独特设计风格的封面是非常重要的。封面设计一方面体现了杂志创作团队在美学和传播价值上的倾向，另一方面又成为杂志经营哲学和品牌定位的表达符号。从一个宏观角度来看，个性化的杂志封面能够不断营造话题，形成长期的营销力量，并成为流行文化的一个组成部分。可以说杂志封面就是另一种形式的广告。

　　杂志封面主要归纳为肖像类、组合类、文字类、插图类四种类型。设计师在设计封面时，首先要对杂志的内容、思想、特点有所理解，考虑怎样配合杂志的整体内容，并通过形象的表现来体现杂志的内容和主题，能给读者以艺术享受并使其产生阅读的兴趣。

作品分析

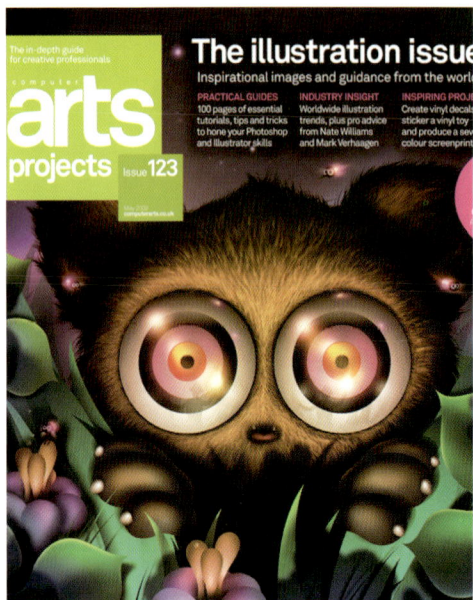

图 形

这是 arts 杂志的一期封面。该杂志的封面设计有的很艺术，有的很简洁，但始终给人一种独一无二的感觉，视觉冲击力很强，激发人们的阅读欲望。

色 彩

■ C36 M10 Y100 K0

■ C84 M18 Y96 K4   采用了高饱和度的色彩，视觉效果华丽而强烈。

■ C22 M66 Y97 K9

■ C58 M77 Y48 K38

文 字

文字的排版整齐不失活泼，每期文字的排版位置都按图形内容来设计。

图 形

V 是美国的一本时尚杂志，每期设定一个封面主题，如"英雄"、"肥胖"、"年龄"等，封面固定版式是一个巨大的"V"字，设计上也常利用这个 V 字来发挥创意。

色 彩

■ C6 M95 Y22 K0   时尚杂志 V 一向保持着特立独行的风格，擅长运用各种补色、对比色、荧光色，封面中复古绿和荧光粉演绎出独特的另类时装大片风格。

■ C79 M27 Y38 K0

■ C93 M99 Y71 K65

文 字

虽然每期的封面女郎不同，但人物的造型都与字母"V"巧妙结合，相得益彰。

作品欣赏

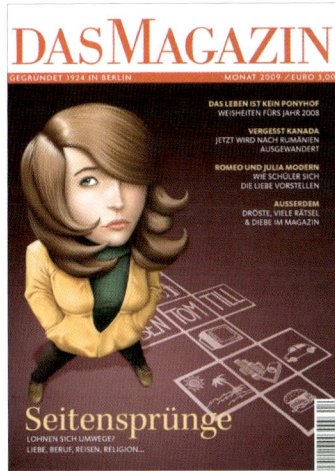

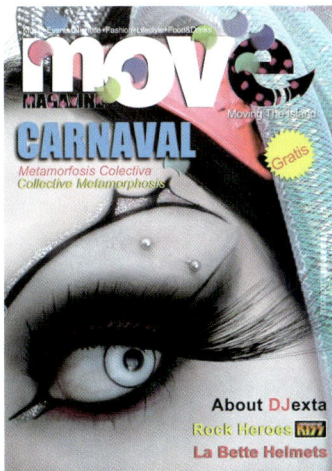

问题分析

图 形

曲线的图形诱导观众按视觉流程移动视线，利用图片和标题吸引读者注意，符合人们的认知顺序和思维活动的逻辑顺序。

色 彩

色彩基调既整体协调又有局部的对比，统一之中具有灵动的变化及和谐的对比效果。

文 字

文字排列比较符合杂志的封面风格，文字与图形相对集中，文章标题采用较为醒目的大号字体，在阅读中形成节奏和层次，使文字紧凑，图形灵活。

在设计实践中，再好的创意也需要用精彩的视觉图形图像体现出来。下面就对比优秀原作，将具体设计中容易出现的问题，用图片展现出来，并进行针对性的问题分析。

图 形

各种信息在版面中简单罗列，繁杂凌乱，版式与所传达的内容本末倒置。

色 彩

运用色彩是为了取得理想的装饰效果，版面上所有色彩都应该是为了同一个目标美化版面、取悦读者服务的。色彩太多太乱则适得其反。

文 字

文字排列不当，拥挤杂乱，视线流动时毫无秩序，影响字体本身的美感，也妨碍读者进行有效的阅读，难以产生良好的视觉传达效果。

5.2.2 杂志内页版式

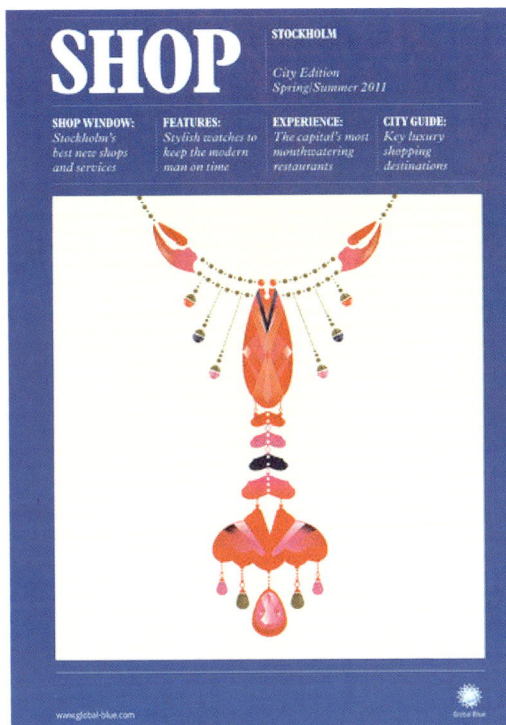

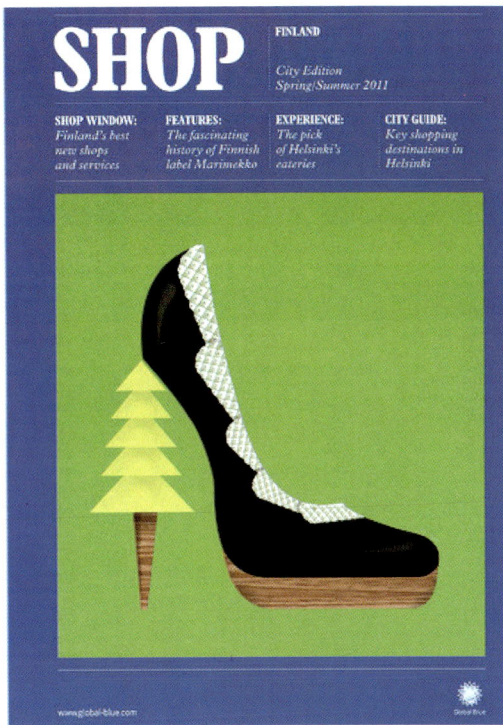

Studio8 Design 杂志内页版式

杂志内页的形式结构包括目录、栏题、标题和图片。一个优秀的设计师不仅要将这几个元素合理地组合起来，而且要学会如何将版面排得美观、漂亮。

杂志正文必须按照其内容进行设计，不同性质的刊物应该有不同的特点。政治性的刊物要端庄大方；文艺性的刊物要清新高雅；生活消遣性的刊物要活泼花哨。

不同对象的刊物要在技术上作不同的处理。给文化水平低的人看，字体不妨大一点，例如，给儿童看的杂志要字大行疏，即采用疏排的方法，给青年人看的杂志应字小行密。杂志中不同的文章最好字体有所变化，尤其在设计版式及标题时更要注意，比较重要的文章标题要排得更为醒目。

作品分析

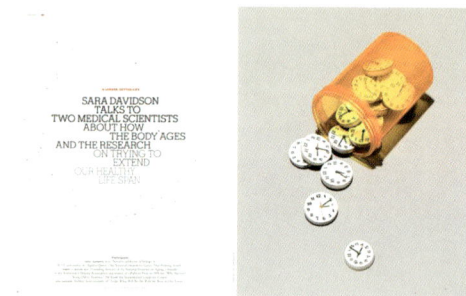

图 形

这是时尚杂志《纽约时代》中获奖的版面，采用并置型的构图方式，多张图片的重复是这个版式的一大亮点。

色 彩

■ C6 M67 Y100 K0	多种饱和度较高的色彩重复并置
■ C20 M19 Y24 K0	使用，鲜艳亮丽，充满现代感。
■ C16 M99 Y72 K5	
■ C70 M5 Y20 K0	

文 字

文字采用居中对齐的方式排列，左右对称又稍有变化，节奏感强烈。

图 形

各部分设计元素在细节上相互呼应，强化了各元素在版面中的结构关联性，不同栏目有不同设计的同时，又能像链条一样，在内在逻辑关系上环环相扣、循序渐进。

色 彩

■ C9 M2 Y92 K0	在色彩使用和空间布局上，画面
■ C75 M68 Y67 K90	整齐有序，变幻而不杂乱。大的
■ C9 M97 Y2 K0	地方简洁大方，一目了然；小的
■ C79 M4 Y100 K0	地方精细到位，细微之处见精
	华。用色上以黄黑对比为主，整
	本杂志色调一致。

文 字

文章标题是版面语言中最活跃的一个元素，具有很强的导读性。

FOOD AND BEVERAGE

Chair: Patrick Crumb
WAC Executive: Robert Bonina

The F&B Division had a mixed fiscal year, achieving strong revenues while significantly missing the plan from a cost standpoint. Cost overages were primarily in labor, due to unexpected personnel challenges during the holiday season.
HIGHLIGHTS:
- For the fifth time, the WAC won the Washington Wine Commission "Grand Award," recognizing the WAC's commitment to Washington wines.
- The Washington Restaurant Association honored the WAC with the award for Excellence in Hospitality.
- The Group Sales Department exceeded $1 million in revenues for the second year in a row.
- Banquet Food & Beverage revenues exceeded plan, bringing in nearly $3.2 million.
- The WAC catered 2,223 banquet events.
- Torchy's repositioned its lounge as Torchy's Wine Bar, which has been well received.
- The Sports Café continues its string of successful years.
- Anthony's Seafood has agreed to be the WAC's exclusive seafood supplier.

The WAC Wine Advisory Committee and Wine Program continued to progress steadily, including another year of recognition from the Washington Wine Commission and the *Seattle Times* with the fifth Washington Wine Award for an outstanding wine list and program emphasizing Washington wines. The WAC also received the joint Washington Wine Commission/*Seattle Times*/Washington State Restaurant Association award for overall excellence in hospitality. The Winemaker Dinners remain as popular as ever, and the WAC Wine Club, which has increased its membership from its inception five years ago to 43, continues building a cellar of collectible wines. The work of endorsing and leading the wine program will continue this year with Mr. Lars Ryssdal as Chair of the Wine Advisory Committee. All in all, it has been a good year for WAC F&B revenues, with the new fiscal year renewing emphasis on cost controls. We look forward to 2007-2008, and to serving all of our members with WAC-style hospitality.

15

A PIECE OF PIERCE
Short talk with a contemporary sculptural artist from Ireland

"Could be better, could be worse"

157

问题分析

图 形

画面为三个板块分割，加入了一些导向性的指示符号。插图位于右上角，面积适中。

色 彩

色彩柔和清晰，方便阅读。三个色块的划分使版面灵动起来。

文 字

文字分为两栏，给人以单纯、明朗的秩序感。

在设计实践中，再好的创意也需要用精彩的视觉图形图像体现出来。下面就对比优秀原作，将具体设计中容易出现的问题，用图片展现出来，并进行针对性的问题分析。

图 形

画面左边比较空，人物插图太小。图文关系混乱，缺乏明显的亮点。

色 彩

杂志内页中大面积的红色容易造成读者的视觉疲劳。

文 字

文字没有明显分栏，挤在画面右侧。读者难以快速阅读到所需信息。

5.2.3 杂志广告页版式

Lotus 曲奇和咖啡，永远在一起（比利时）

Ché 男性杂志广告页版式

杂志可分为专业性杂志、行业性杂志等。各类杂志的读者对象比较明确，所以杂志是各类专业商品广告的良好媒介。杂志广告具有保存周期长、读者对象明确、印刷精致、发行量大、可利用的篇幅多且可供广告主选择、有利于施展广告设计技巧等特点。

一般杂志广告用彩色印刷，纸质也较好，因此表现力较强，是报纸广告难以比拟的。杂志广告还可以用较多的篇幅来传递关于商品的详尽信息，既利于消费者理解和记忆，也有更高的保存价值。

杂志广告的缺点是影响范围较窄。因为相比报纸，杂志出版周期长，信息不易及时传递。

作品分析

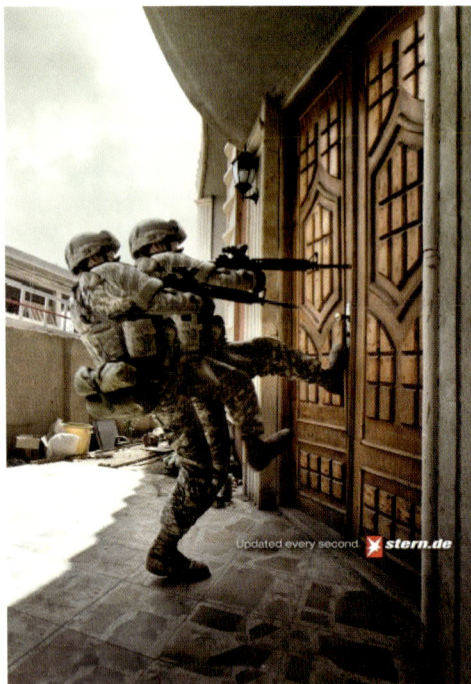

图 形

这是Stern.de杂志的广告，采用了一张满版型的新闻图片作为背景。人物连续性的动作传达出这本杂志的时效性，以写实的摄影手法表现，更具有真实性和视觉冲击力，能够引起读者共鸣。

色 彩

■ C63 M60 Y62 K43
■ C24 M52 Y74 K5
□ C1 M1 Y4 K0

暖色调的照片营造出紧张的氛围，充满剧情的节奏感。

文 字

叠加的人影和连续的动作，指向的正是广告语——Stern.de杂志，每一秒都更新。

图 形

这是一则标致汽车的广告。把猫咪打扮成小狮子的形象令人忍俊不禁，同时加深了品牌记忆力。最有效果的广告就是将产品本身和创意相结合，在出彩的同时，也突出产品的特性。

色 彩

■ C19 M29 Y52 K0
■ C67 M66 Y69 K75
■ C100 M88 Y32 K20
■ C34 M49 Y73 K12

在白色背景下，版面中心位置的图片格外醒目，文案和LOGO都保留了标致汽车的专用蓝色。

文 字

文字采用了左对齐的排版方式，将下方的小字放置在一个矩形方框内，与LOGO对齐，避免了文字过于琐碎，收到了很好的视觉效果。

作品欣赏

作品欣赏

问题分析

精彩原作

图　形

版式主次分明，布局合理。与主题密切相关的图形和文字被安排在主要的位置上。

色　彩

画面色调柔和协调，冷暖相应，红色背景衬托出主题商品的质感。

文　字

文字排列既整齐，又不显得太呆板。双栏的版式使读者便于阅读。

在设计实践中，再好的创意也需要用精彩的视觉图形图像体现出来。下面就对比优秀原作，将具体设计中容易出现的问题，用图片展现出来，并进行针对性的问题分析。

图　形

主题不够突出，商品的品牌LOGO过小，构图杂乱。

色　彩

原有的黑色调使相机图片淹没在深色背景中，不够醒目，整体感觉沉闷严肃。

文　字

文字过多且排列无序，放置在图片上使商品不够突出，同时也不便阅读。

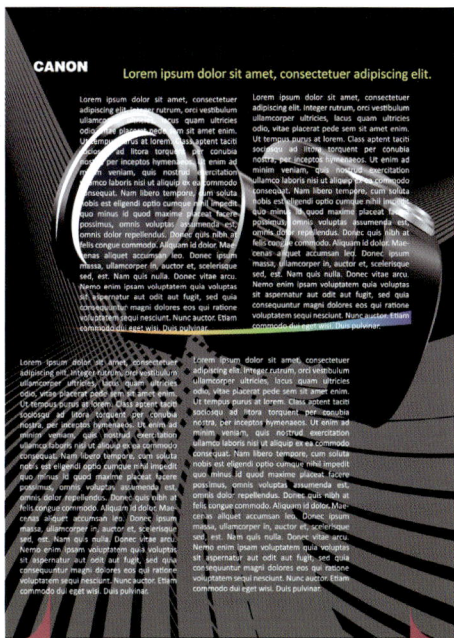

问题作品

5.3 海报版式

海报版式设计由图形、色彩、文字三大编排元素组成，图文编排在海报设计中尤为重要，它是海报设计语言、设计风格的重要体现。

5.3.1 商业海报版式

海报是一种视觉传达的形式，要想通过版面把人们在几秒钟之内吸引住，并获得瞬间的刺激，就要求设计师做出既准确到位，又具有独特的创意。一张海报往往涉及构思构图、图片图形、文字色彩、空间层次等一系列问题，而设计师的任务就是要做到这一切的完美结合，用恰如其分的形式把信息传达给人们。

商业海报的版式大多采用各种对比的手法来增加视觉强度，比如加大版面内各元素之间的色彩对比，文字图形间构图上的大小对比，达到吸引观众注意力的目的。另外，还可以通过一些与常理相悖的有吸引力的视觉形象，配合相应的广告标题等文字说明，设计个性化的版式，最终突出海报的主题内容和信息。

BMW汽车广告1

BMW汽车广告2

作品分析

图 形

这是雀巢Purina狗粮品牌的广告，Purina Bark in the Park是在新西兰举办的最大的狗狗活动。倾斜型的构图加上趣味性的图片让人忍俊不禁。

色 彩

C58 M32 Y92 K13

C44 M24 Y84 K3

C33 M53 Y82 K15

C66 M69 Y68 K80

以清新的草绿色作为主色调，给人轻松活泼的感觉。

文 字

海报中的文字包括时间、地点、事件和品牌LOGO，将其两端对齐排列成规则矩形放于图片下方，信息一目了然同时又加深了读者对品牌的认知。

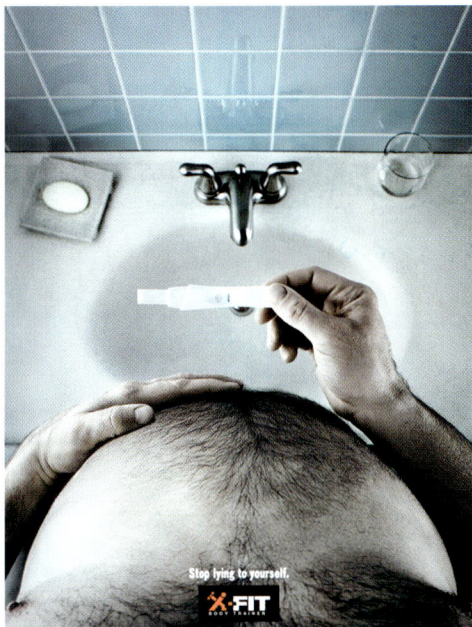

图 形

这是加拿大一家名为X-Fit的健身中心的广告。采用中轴型的版式，天马行空的想法和娴熟的后期技术打造出令人惊讶的效果。图片下方特写的啤酒肚给人滑稽可笑的视觉感受，并将读者的视线引导至海报的标题处。

色 彩

C34 M9 Y13 K0

C85 M55 Y60 K43

C23 M14 Y15 K0

C81 M64 Y61 K64

整张海报并没有使用饱和度高的鲜艳色彩，淡蓝的色调配合橙黑色的LOGO却令人记忆深刻。

文 字

文案"Stop lying to yourself"意思是不要再骗自己了，你没有怀孕，特意用了较小的字体，既不影响整个图片的整体感，又能吸引受众一探究竟。

作品欣赏

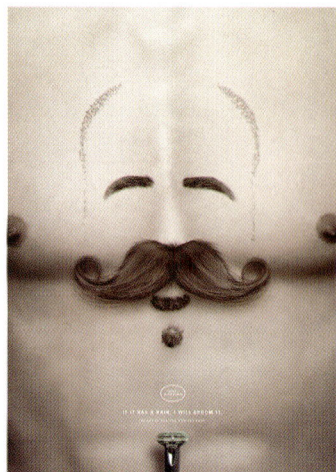
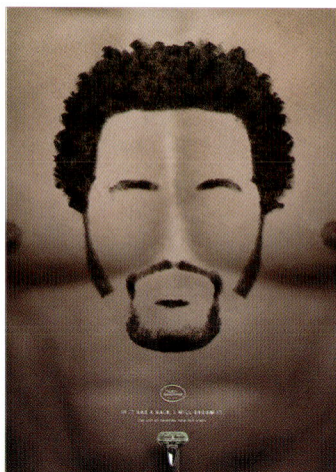
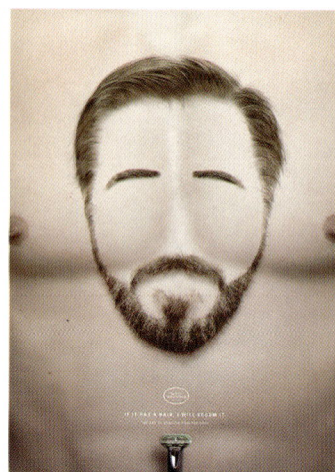

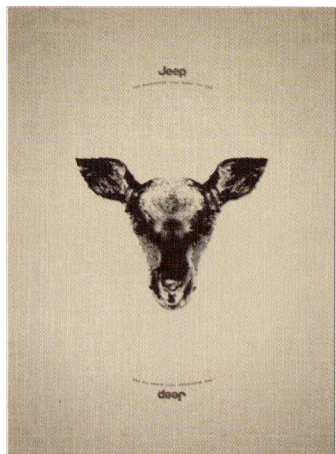

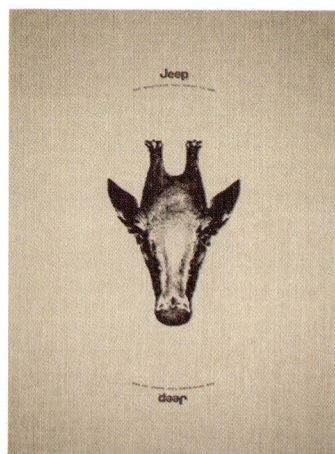

问题分析

精彩原作

图 形

人物、麦克风、酒杯、红酒等元素恰如其分地诠释了酒吧这一海报主题。广告语位于视觉的中心，符合大众的阅读习惯，并使图形起到锦上添花、画龙点睛的作用。

色 彩

浅灰色的背景使得图形比较突出且富有层次感。

文 字

主题文字向右上角倾斜并采用金色描边，增加了立体感和动感。下方文字居中对齐并用横线分割成不同的信息板块，布局非常合理。

在设计实践中，再好的创意也需要用精彩的视觉图形图像体现出来。下面就对比优秀原作，将具体设计中容易出现的问题，用图片展现出来，并进行针对性的问题分析。

图 形

视觉冲击力不够强，且缺乏视觉焦点，没有烘托出酒吧的气氛。

色 彩

深色的背景使得画面明度接近，视觉上黑、白、灰三种空间层次关系不够分明。

文 字

文案的群组化是避免版面空间散乱状态的有效方法，而这幅作品的题文字排列散乱且平铺直叙，缺乏动感和立体感。

问题作品

5.3.2 文化海报版式

Redmonroe 演唱会海报

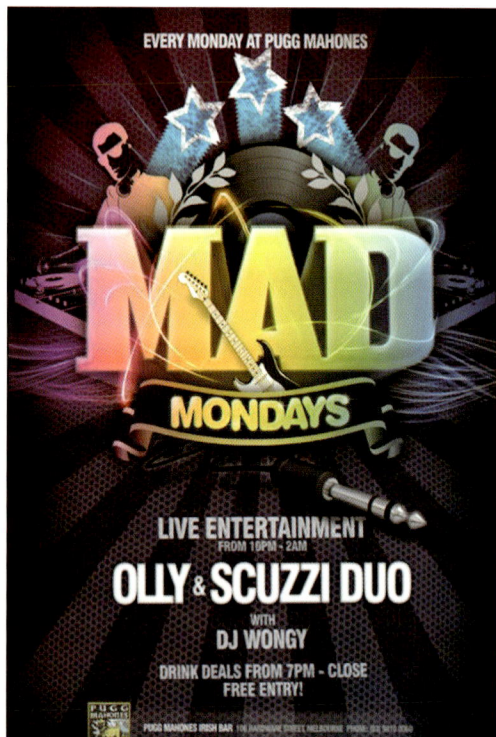

MAD MONDAYS 演唱会海报

　　文化海报是指各种文娱活动及各类展览的宣传海报。展览的种类很多，不同的展览都有各自的特点，设计师需要了解展览和活动的内容才能运用恰当的方法表现其内容和风格。

　　文化海报的内容往往是观众可以身临其境进行娱乐观赏的一种活动，这类海报一般有较强的参与性，版式中通常要表明活动的性质、主办单位、时间、地点等。文化海报要求语言简明扼要，形式新颖别致。设计者应根据海报主题充分发挥想象，尽情施展艺术手段。

作品分析

DER MALER ADOLF HITLER
20. April bis 26. Oktober 2007

kunst
historisches khm
museum

图 形

图中这项展览名为"艺术家希特勒",展览时间为4月20日~10月26日,在奥地利Kunsthistorisches博物馆展出。这张海报用刷子和笔触的负空间巧妙地组成了希特勒人物肖像最有代表的头发和胡子。

色 彩

■ C68 M67 Y68 K76

■ C35 M55 Y61 K13

□ C0 M0 Y1 K0

海报主要由黑白两色构成。大面积的白色感染力强,与黑色的刷子和代表头发的笔触形成强烈的反差。

文 字

文案采用了与LOGO相似的颜色和字体,在海报下方左对齐,整体更具有艺术性。

NORDIC
MUSIC DAYS
STOCKHOLM 10-13 OKT 2012
WWW.NORDICMUSICDAYS.ORG

图 形

这是北欧音乐节的宣传海报之一。音乐节将在斯德哥尔摩市分四天于四个不同的场馆举行,海报主要表现有关这四个场馆的创意。这张海报表现的是由奥斯卡二世国王修建的Musikaliska音乐厅。

色 彩

■ C59 M68 Y74 K72

■ C53 M75 Y32 K11

■ C43 M29 Y35 K1

□ C6 M4 Y5 K0

色彩搭配上以黑、白、灰为主,画面正中穿插不同颜色的三角形小色块,活跃了整个版面。

文 字

文字与图形均采用中轴型构图。音乐节的主题文字使用较大号的黑体,其余文字用了较纤细的字体,主次分明。

作品欣赏

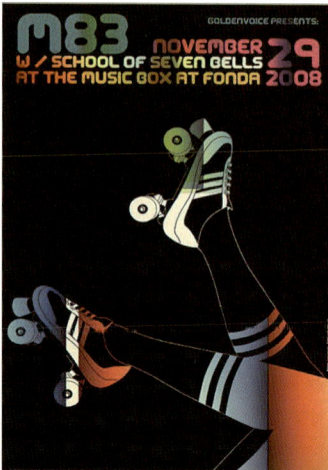

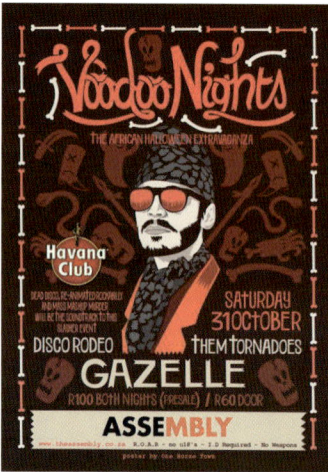

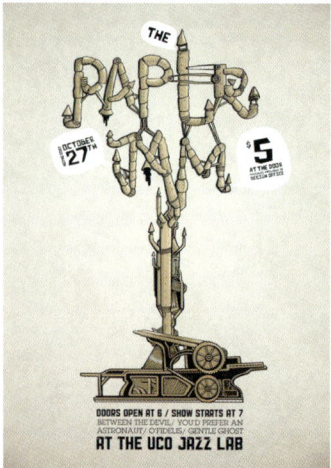

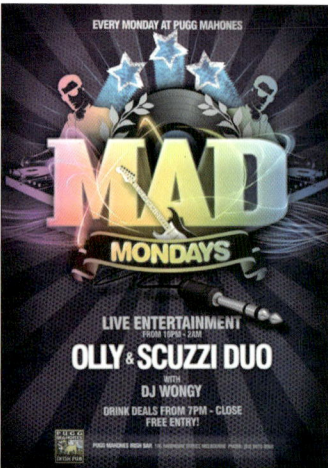

问题分析

图 形

图形采用中轴型构图，添加了椰树和唱片等元素，更突出主题。各图形元素动静结合，画面轻松明快。

色 彩

橙色和咖啡色传达出海报所要表现的夏日海滩效果。

文 字

文字与图形组合合理，标题颜色与画面主色调呼应，画面色彩鲜明且具有很好的可扩展性。

在设计实践中，再好的创意也需要用精彩的视觉图形图像体现出来。下面就对比优秀原作，将具体设计中容易出现的问题，用图片展现出来，并进行针对性的问题分析。

图 形

海报中人物剪影使用过多且排列平均，无节奏感，缺乏能点明主题的图形元素。

色 彩

渐变的黄绿色使背景显得脏乱。

文 字

标题文字虽然放置在画面中心位置却并不显眼，与左下方的两排文字也未能形成视觉上的联系。

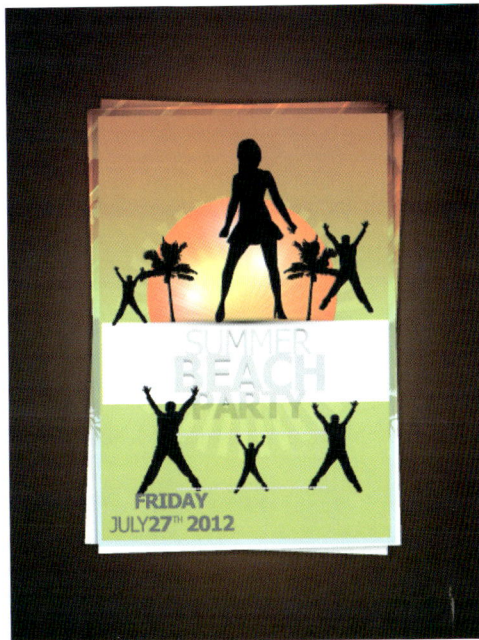

5.3.3 电影海报版式

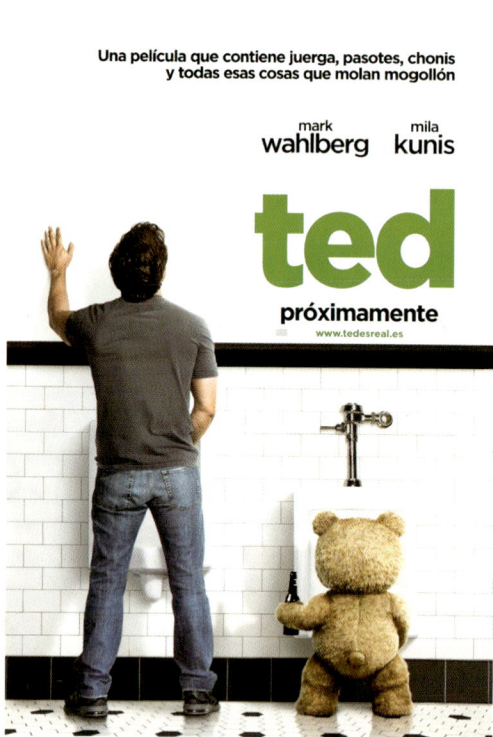

《泰迪熊》电影海报

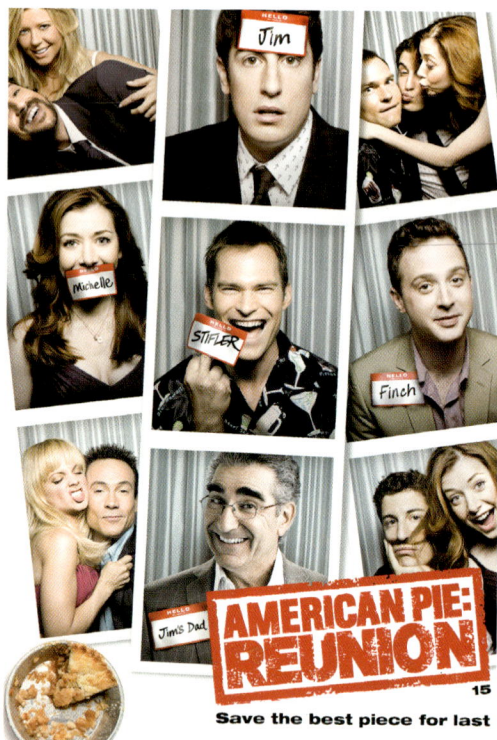

《美国派4：美国重逢》电影海报

　　电影海报作为电影艺术的宣传方法之一，往往浓缩了一部电影的精华，有着深厚的文化内涵与艺术审美性，能让观众享受到除了电影本身以外的另一种平面艺术。一幅优秀的电影海报，往往具有很高的设计水准，灵活运用图形、文字、色彩等设计元素，提升视觉表现力的同时又具备独特的艺术魅力。

　　电影海报的构图应做到主次分明和简洁明了，以增加画面的吸引力，达到快速传达信息的目的。电影海报中的图形图片直观、明确、视觉冲击力强。一般会选取电影剧情中具有代表意义的镜头出现在海报中，给人悬念，引起公众观看的欲望。海报中的色彩和光影是最富感官刺激的形式语言，设计时要充分利用色彩和光影营造画面氛围。

作品分析

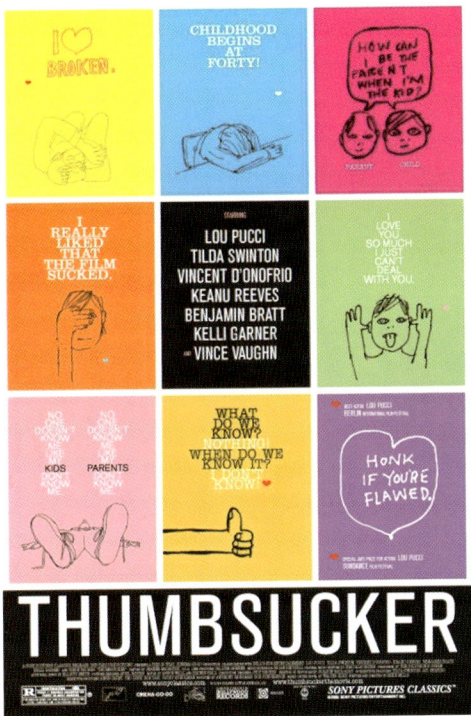

图 形

这是电影《吮拇指的人》的海报。9张儿童涂鸦式的图片并置排列，图片的内容反映出每个人在青春期时都或多或少有过迷茫、躁动、愤怒和困惑。

色 彩

■ C7 M1 Y90 K0

■ C69 M15 Y1 K0

■ C39 M7 Y67 K0

■ C45 M75 Y6 K0

9张图片的色彩明快亮丽，展现出青春年华丰富多彩，具有不可抵抗的魅力。

文 字

大量运用了插图式的手绘字体，配合涂鸦给人清新稚嫩的视觉感受。

图 形

这是电影《兔子洞》的海报，图片采用了"摄影蒙太奇"的方式，对多张图片进行切割、重组以及拼贴，利用片段镜头的组合，呈现电影不同人物之间的故事。

色 彩

■ C75 M68 Y67 K90

■ C49 M32 Y29 K0

□ C0 M0 Y0 K0

黑、灰色调中，电影主角的身影发人深省，体现出影片传达的伦理、道德、情感，弥散着淡淡的温情和哀伤。

文 字

片名与演员名采用无衬线体以右对齐的方式放置在右下角，与其他电影海报将电影名称、上映日期、演员名称、公司名称等通栏排版不同，这样更为简单易读。

作品欣赏

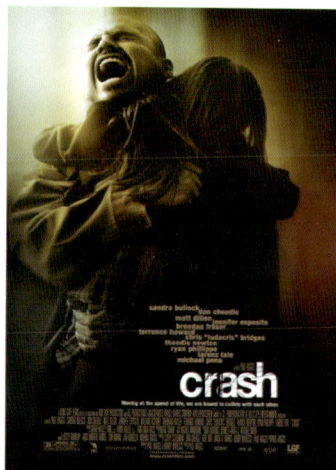
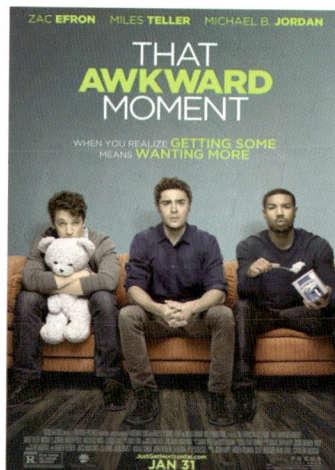
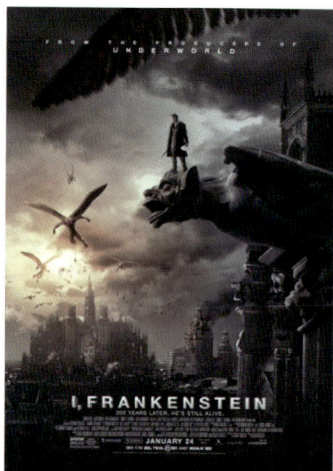
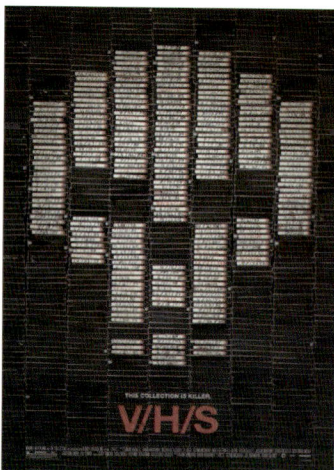

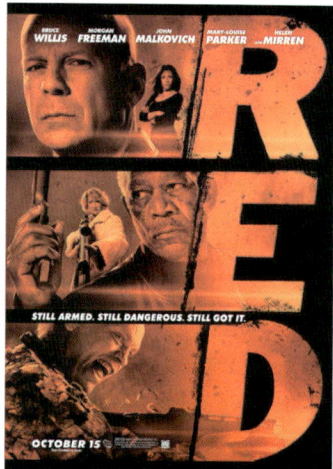
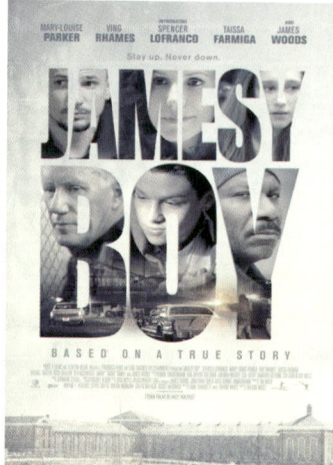
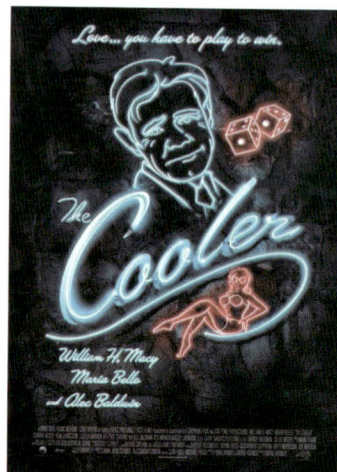

问题分析

精彩原作

图　形

画面中有众多海底元素，电影主人公都是动态的形式，符合电影主题。

色　彩

蓝色营造出大海的深邃与空间感，让观众产生跟随电影的主人公深入海底一探究竟的欲望。

文　字

字体及色彩充满童趣，而是字体增加的透视度使整个画面的空间感十足。

　　在设计实践中，再好的创意也需要用精彩的视觉图形图像体现出来。下面就对比优秀原作，将具体设计中容易出现的问题，用图片展现出来，并进行针对性的问题分析。

图　形

背景图片与电影主题缺乏关联和层次感。

色　彩

背景和图形都使用了不太饱和的色彩，整体颜色平淡且无层次感。

文　字

作为一部动画片的标题其字体缺乏创意，无法吸引观众。

问题作品

5.3.4 公益海报版式

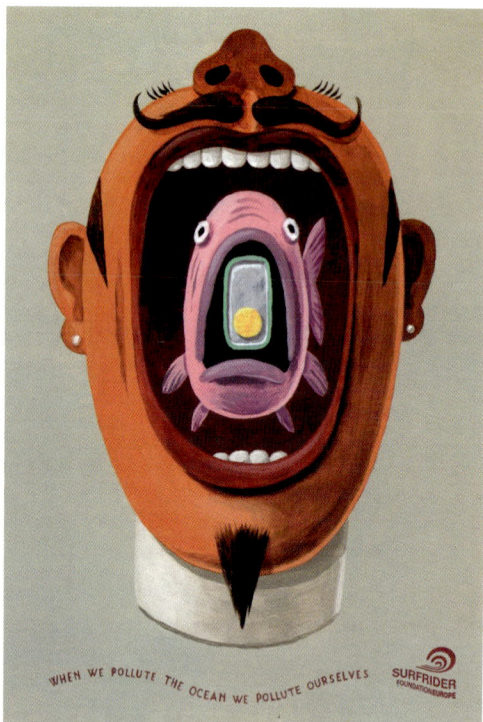

海洋污染公益海报（荷兰）

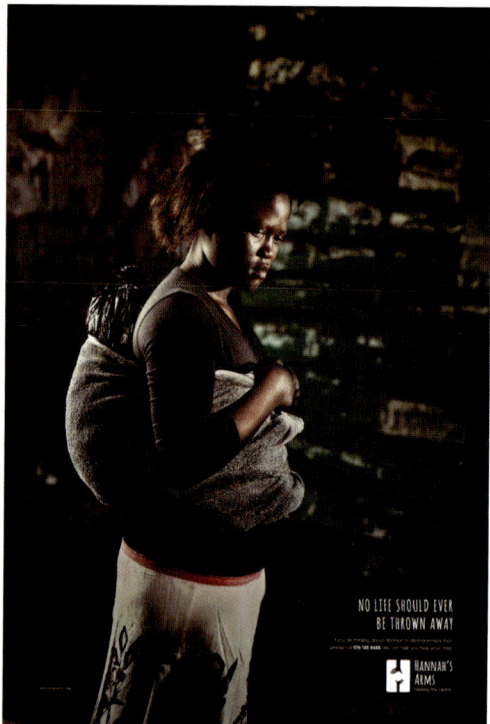

儿童保护公益海报（南非）

公益海报是指不以盈利为目的，服务于公众利益的宣传广告，旨在增进公众对社会问题的了解，影响公众对问题的看法和态度，改变公众的行为和做法，从而促进社会问题的解决或缓解。公益海报可宣传各种社会公益事件、活动或理念，弘扬爱心奉献、共同进步的精神。

内涵丰富而鲜明的公益海报传播着精神文明，引导着社会舆论，支配着公众的思想意识和行为方式，推动着社会公益事业的迅速发展，潜移默化地启迪和教育人们。近年来，公益海报多围绕同一主题进行系列化创作，这样可形成视觉优势，多层次多角度地深度表现主题，既提高了传播力度，又强化了观念，丰富了视觉表现。

作品分析

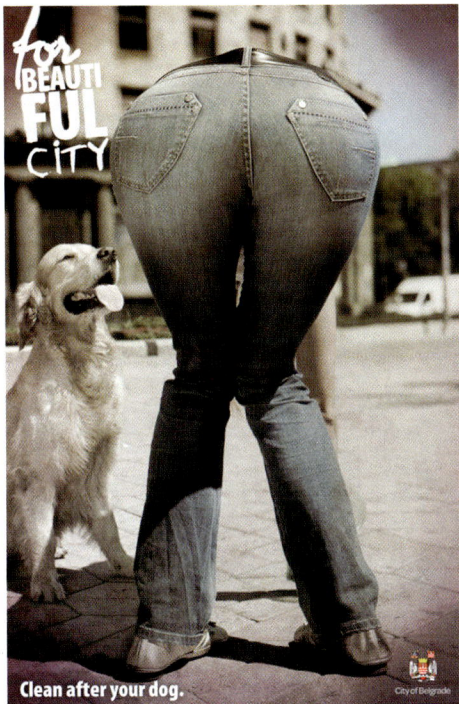

图 形

这是一则倡议清除宠物粪便的公益海报，如果你知道自己在帮爱宠清理粪便的时候也如此性感，是不是更愿意亲力亲为了呢？换个角度思考，一切都不一样了！

色 彩

■ C60 M45 Y54 K16
■ C58 M69 Y54 K40　画面整体和谐统一的蓝黑色调给人温馨的视觉感受。
■ C22 M24 Y27 K0

文 字

这张海报无论在形式上还是文字上都出奇创新，具有强大的震撼力。左上方的文字与主图相辅相成，起到了画龙点睛的作用。

图 形

这是新加坡乳腺癌基金会的海报，其创意令人拍案叫绝，旨在让女性认识到生活中该优先考虑的是健康，通过粉刺等细微症状可以表现出身体整体的健康状况。

色 彩

■ C66 M36 Y85 K20
□ C2 M3 Y8 K0　彩绘和人体图片相结合，清新的色调配合粉色的文案贴切地表现
■ C24 M68 Y58 K6　了关爱女性的主题。
■ C24 M98 Y25 K0

文 字

文字和LOGO采用右对齐的方式，放置在画面右下方，突出了整个版面的视觉重心。

作品欣赏

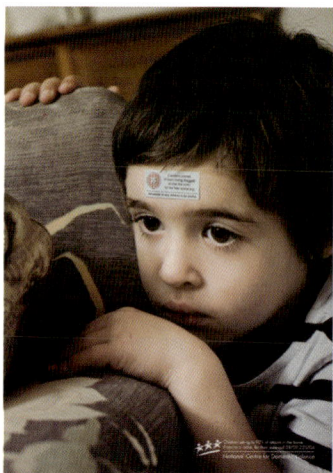

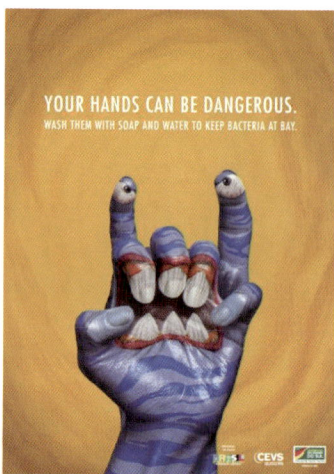

作品欣赏

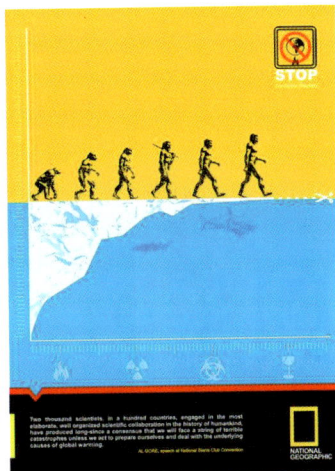

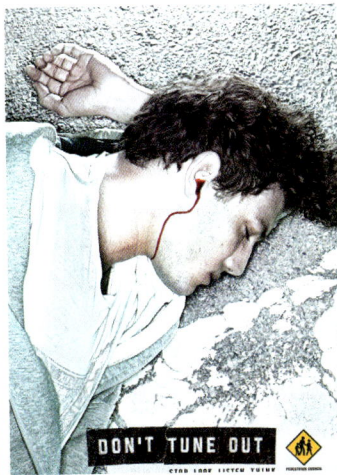

问题分析

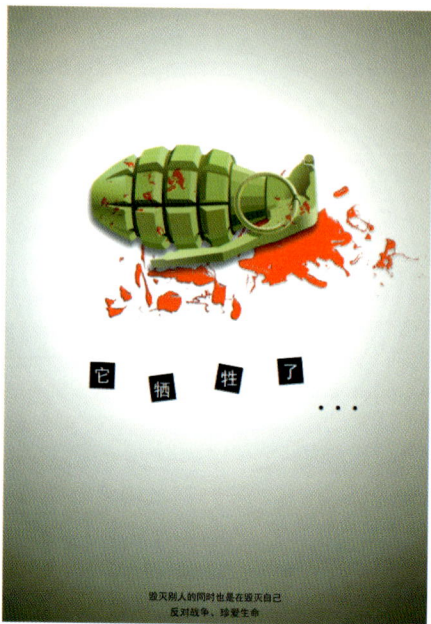

图 形

画面视觉中心突出，活跃感较强，使整个画面显得幽默有趣。

色 彩

径向渐变色显得柔和协调，中心的图片十分突出，达到了公益海报的宣传效果。

文 字

文字大小得当，位置错落有序，给人以别开生面的视觉感受，有利于表现设计意图。

在设计实践中，再好的创意也需要用精彩的视觉图形图像体现出来。下面就对比优秀原作，将具体设计中容易出现的问题，用图片展现出来，并进行针对性的问题分析。

图 形

构图缺少变化，画面单调空洞。

色 彩

暗红色的背景无法突出喷溅的鲜血，下方的文字颜色又太花哨，显得喧宾夺主。

文 字

标题文字的摆放平铺直叙，缺少节奏感。

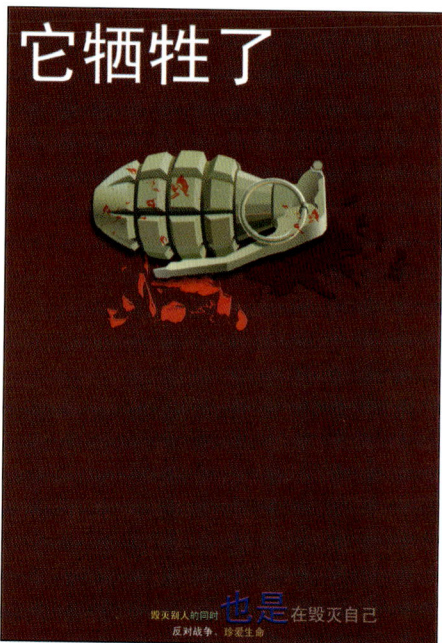

问题作品

5.4　网页版式

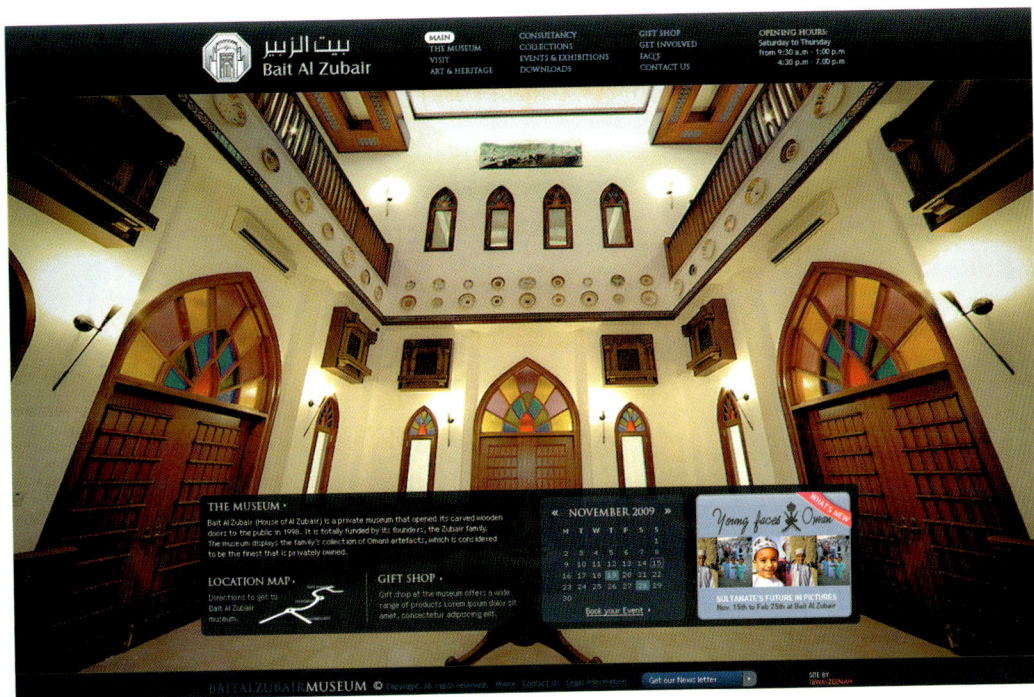

阿曼marlonpeiris网页版式

　　网页版式设计同报纸杂志等平面媒体的版式设计有很多共同之处。所谓网页版式设计，是在有限的屏幕空间上将视听多媒体元素进行有机排列组合，将理性思维个性化地表现出来，是一种具有个人风格和艺术特色的视听传达方式。它在传达信息的同时，也产生感官上的美感和精神上的享受。

　　但网页的排版与书籍杂志的排版又有很多差异。印刷品都有固定的规格尺寸，网页则不然，它的尺寸是由读者来控制的。这使网页设计者不能精确地控制页面上每个元素的尺寸和位置。而且，网页的组织结构不像印刷品那样为线性组合，这给网页的版式设计带来了一定的难度。

magazine company 网页版式

box&cube 网页版式

　　网页的排版布局要达到一种协调的状态，不能单独考虑网页的内容，以为只要把具体内容清晰流畅地放到网站上就行了，这样会造成整个页面的形式感很差，严重影响浏览者的心情。相反，假如不顾网页的内容，只顾页面的形式，即使页面再漂亮，使用者也不喜欢。好的形式只是促进人获取信息的辅助物，不是对象，只重形式正如买椟还珠，所以作为设计者就要在形式和内容之间找到一个切入点。这需要仔细地考虑网页的题目之后，然后作出草图来对比不同方案的优劣，优选出一个方案进行最终的设计。设计的同时要不断对排版布局进行调整，一旦发现有不够协调的地方就要修改，这样才能作出令人满意的网页。

作品分析

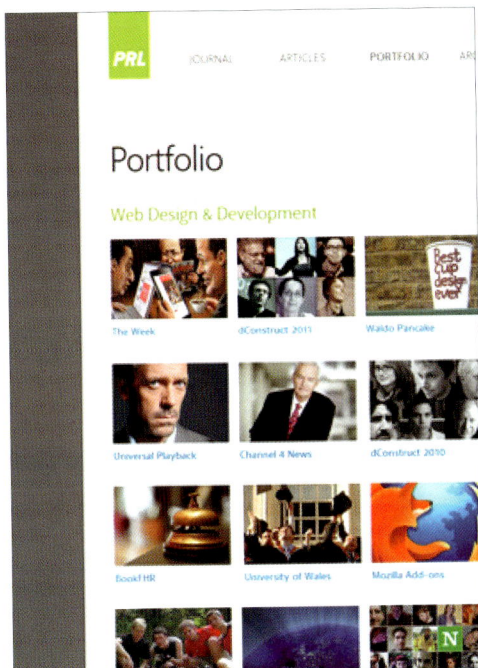

图 形

整个页面没有出现过多的设计元素，只是将文字、图片并置于页面上，通过元素之间的间距、文字大小、文字颜色来组织信息，尤其是各部分信息间较宽的留白，让页面也更有透气感。

色 彩

■ C87 M59 Y9 K0

■ C59 M51 Y50 K19　整个画面看上去很干净，亮度较

■ C44 M11 Y100 K0　高的白色背景下图片非常醒目。

□ C0 M0 Y0 K0

文 字

导航栏及版面中的标题文字没有过多的修饰，非常简洁，文字的可读性较强。

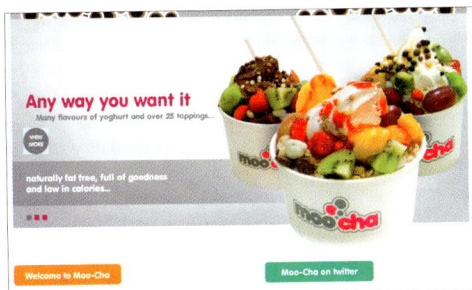

图 形

这是moocha的网页设计。每个页面都是统一的左侧文字，右侧摆放与文字相对应的食品图片，以实物或者插画的形式呈现，非常直观。

色 彩

■ C8 M98 Y9 K0

■ C4 M21 Y44 K0　网站的配色主要采用桃红和灰色

■ C28 M2 Y78 K0　的搭配，鲜艳的暖色系让人食欲大增，与食品包装盒上的色彩相

□ C7 M5 Y4 K0　呼应。

文 字

使用无衬线字体作为标题有助于突出主题。一目了然地显示当季折扣信息，给人直接、清晰的印象。

作品欣赏

问题分析

图 形

版面重点突出、平衡协调，将网站主题、主菜单等重要的模块放在最明显、最突出的位置。

色 彩

色彩使用了几种不同明度和饱和度的蓝色，网站的整体感较强。

文 字

文字分三栏，页面结构清晰、主次分明，各模块的可视度和可读性较强。

在设计实践中，再好的创意也需要用精彩的视觉图形图像体现出来。下面就对比优秀原作，将具体设计中容易出现的问题，用图片展现出来，并进行针对性的问题分析。

图 形

该版面的图片和文字编排都处于散乱的状态，无导航栏。结构无主线、琐碎，失去了整体性，让人抓不到重点。

色 彩

红色和蓝色的搭配过于跳跃，缺乏统一的视觉感受。网页设计中更注重的是信息的结构关系，如果将色彩运用得过多过强，很容易引起视觉疲劳。

文 字

各个板块之间无分栏，读者很难找到网站上相应的功能，不方便阅读及查找信息。

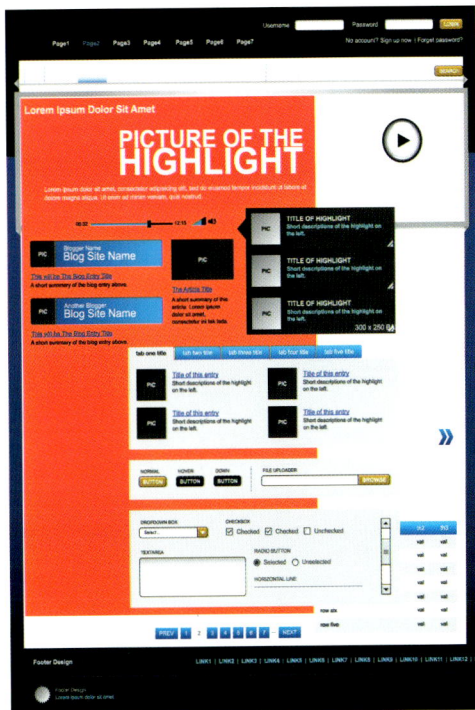

5.5 包装版式

Tiger Beer Energy 包装版式

"别跟我抢吃的"——Snookums 猫粮包装版式

包装设计以图案、文字、色彩、浮雕等艺术形式装饰和美化产品，突出产品的特色和形象，以促进产品的销售。包装设计是一门综合性学科，既是一门实用美术，又是一门工程技术，是工艺美术与工程技术的有机结合，并融合了市场学、消费经济学、消费心理学及其他学科的相关知识。

一个优秀的包装设计，是包装造型设计、结构设计、版式设计三者有机的统一。

包装设计中的文字要求简明、真实、易读、易记。字体设计应反映商品的特点、性质，有独特性，并具备良好的识别性和审美功能。文字的编排与包装的整体设计风格应和谐。

内衣包装版式

包装设计中的色彩要求醒目，对比强烈，有较强的吸引力和竞争力，以唤起消费者的购买欲望，促进销售。例如，食品类可采用鲜明丰富的色调，以暖色为主，突出食品的新鲜、营养和味觉感受；医药类可采用单纯的冷色调；化妆品类常用柔和的中间色调；小五金、机械工具类常用蓝/黑及其他沉着的色调，以表示坚实、精密和耐用的特点；儿童玩具类常用鲜艳夺目的纯色和冷暖对比强烈的色调，以符合儿童的心理和爱好；体育用品类多采用鲜明的色调，以增加活跃、运动的感觉。

不同的商品有不同的特点与属性，设计者要研究消费者的习惯和爱好以及国际、国内流行色的变化趋势，以不断增强色彩的社会学和消费者心理学意识。

作品分析

图 形

这是Oronoco朗姆酒包装。Oronoco是一款产自巴西并挑战传统观念的朗姆酒品牌。它最具创新性的特点是其酒瓶外围的压花皮革包装，采用浮雕工艺将巴西原产地地图压印在皮革表面。

色 彩

■ C29 M73 Y100 K23
■ C28 M13 Y47 K0
■ C77 M68 Y64 K79

采用了皮革的原色并搭配同一色系的浅黄色，展现出此款酒的高贵典雅。

文 字

细长的瓶身和瓶盖上有质感的凸版文字彰显这款高档朗姆酒所传达的阳刚之气。

图 形

这是美国设计工作室"哈奇设计"为可口可乐公司设计的圣诞节特别版的饮料包装。饮料罐和纸盒的包装外观都采用了抽象的图形元素，简洁时尚，造型富有动感，非常符合节日气氛。

色 彩

■ C9 M97 Y79 K0
■ C41 M33 Y31 K0
■ C74 M68 Y66 K87
□ C0 M0 Y0 K0

三款不同的口味用三种不同的颜色区分，红、白、黑三种不同色彩深度的图形产生多维的透视效果。

文 字

文字设计具有现代气息和动感效果。用斯宾瑟字体书写的白色英文商标、波浪形飘带图案等看上去清晰醒目。

作品欣赏

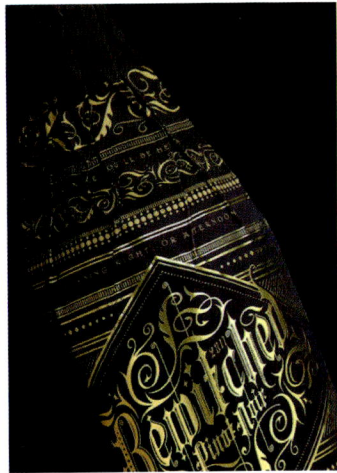

问题分析

精彩原作

图 形

这款包装让人眼前一亮，非常富有现代气息和动感效果。

色 彩

红色背景较有深度，产生了多维的动态效果。罐身的侧面设计成"气泡弧形瓶"，形成了动感的效果。

文 字

设计者并未被动地将中文"可口可乐"的字形完全按斯宾塞字体的弧线特征去变形，而是保留了中文特有的方块字形。中文黑体字。字形结构保持印刷体简洁规范的特点，易于辨认。

在设计实践中，再好的创意也需要用精彩的视觉图形图像体现出来。下面就对比优秀原作，将具体设计中容易出现的问题，用图片展现出来，并进行针对性的问题分析。

图 形

这是可口可乐公司2003年以前使用的中文LOGO 和包装，在商品销售全球化、标识设计国际化的浪潮中，这种设计已不能适应其需要。

色 彩

原有的白色和红色视觉上比较单一，缺少立体感和层次感。

文 字

英文字体和中文字体的风格不够协调。

问题作品

5.6 VI版式

国外VI版式　　　　　　　　　　　　　　　　　　WTP油漆VI版式

VI全称Visual Identity，即企业VI视觉设计，通译为视觉识别系统，指将非可视内容转化为静态的视觉识别符号。科学的视觉识别系统是传播企业经营理念、建立企业知名度、塑造企业形象的途径。企业通过VI设计，对内可以征得员工的认同感、归属感，加强企业凝聚力，对外可以树立企业的整体形象，整合资源，有效地将企业的信息传达给受众，通过视觉符码，不断强化受众的意识，从而获得认同。

Szelet披萨店品牌形象视觉设计

VI是以标志、标准字、标准色为核心展开完整的、系统的视觉表达体系，将企业理念、企业文化、服务内容、企业规范等抽象概念转换为具体记忆和可识别的形象符号，从而塑造出独特的企业形象。

VI系统包括：

基础系统　企业名称、企业标志、企业造型、标准字、标准色、象征图案、宣传口号等。

应用系统　产品造型、办公用品、企业环境、交通工具、服装服饰、广告媒体、招牌、包装系统、公务礼品、陈列展示以及印刷出版物等。

作品分析

图 形

这是陈幼坚为香港国际机场设计的VI，设计灵感源自客运大楼独特的波浪形拱顶，连贯而流动的线条象征着动感、飞翔和活力。同时流线型也使人联想到中国传统的泼墨书法，象征着中西文化的结合。

色 彩

C44 M20 Y25 K0

C0 M0 Y0 K0

蓝灰色是一种具有智慧感的颜色，同时又给人稳重的感觉，表示它所传达的信息是安全可靠的。蓝灰色又有现代感，和机场本身单一元素的颜色非常相衬。

文 字

以一个连绵笔画勾画出机场建设的精髓，表达出动感、活力和壮志。下方搭配中英文标准字，充分表达了中国香港机管局"未来机场，今天展现"的理想。

图 形

这是中国银行的LOGO。钱孔与红绳构成"中"字代表中国，古钱币代表银行业，中线象征联系，外圆象征全球发展。简洁的现代造型，表现了中国资本、银行服务走向现代国际化这一主题。

色 彩

C1 M100 Y66 K34

C24 M27 Y99 K0

C74 M68 Y66 K87

C0 M0 Y0 K0

色彩采用了中国传统的红色，代表吉祥和欢乐。

文 字

"中国银行"四个潇洒秀美的标准字，是我国文坛大师郭沫若的手迹，搭配图形，整体显得简洁、稳重、易识别，寓意深刻，颇具中国风格。

作品欣赏

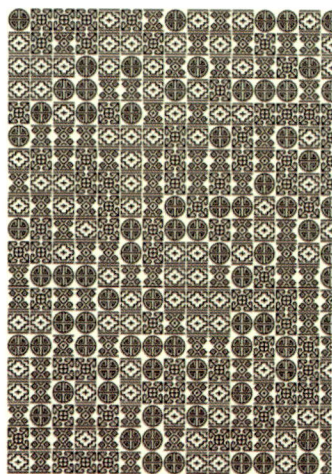

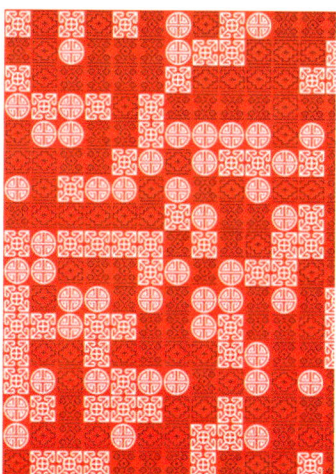

问题分析

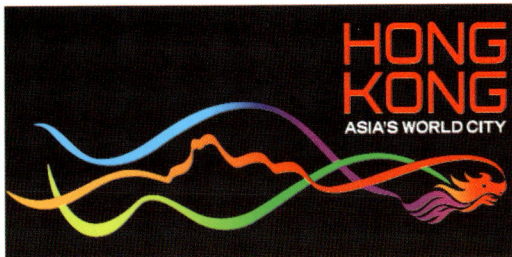

图 形

"香港品牌"这一抽象标志采用飞龙图案，并巧妙地嵌进了"香港"二字的英文，看起来更富有现代感。同时又带有神话色彩。

色 彩

由飞龙延长出来的蓝、绿彩带，分别代表蓝天绿地和可延续生长的景象；红色彩带则勾画出狮子山的山脊线。彩带超脱灵动，代表香港人应变矫捷，而缤纷的色彩则代表着多元化和活力。

文 字

文字的风格和色彩延续了图形的创意，整体更具时代感。

在设计实践中，再好的创意也需要用精彩的视觉图形图像体现出来。下面就对比优秀原作，将具体设计中容易出现的问题，用图片展现出来，并进行针对性的问题分析。

图 形

飞龙图形的延展性不够，后期VI系统的应用空间有限。

色 彩

图形上的原有的双色渐变比较单一，不能很好地诠释中国香港地区的多元文化。

文 字

文字和图形的结合不够紧密，并列的两段文字视觉上比较"散"。

5.7　UI版式

美国UI设计公司skin factory pc界面版式

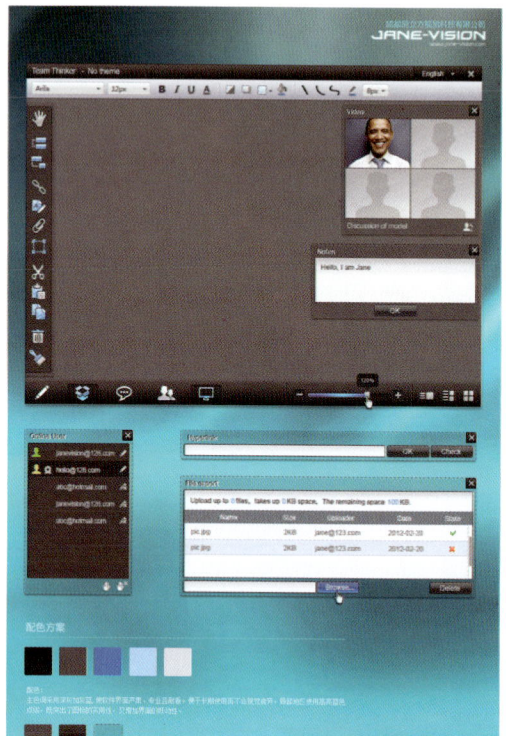

专业协同工作软件UI版式

UI即User Interface（用户界面）的简称。UI设计则是指对软件的人机交互界面的整体设计。好的UI设计不仅能让软件变得有个性和品位，还能让软件的操作变得舒适、简单、自由，充分体现软件的定位和特点。

设计流程：

1.确定目标用户

在软件设计过程中，先要确定软件的目标用户，获取最终用户和直接用户的需求。还要考虑到目标用户的不同所要求的交互设计重点不同。例如，科学用户和电脑入门用户的交互设计重点就不同。

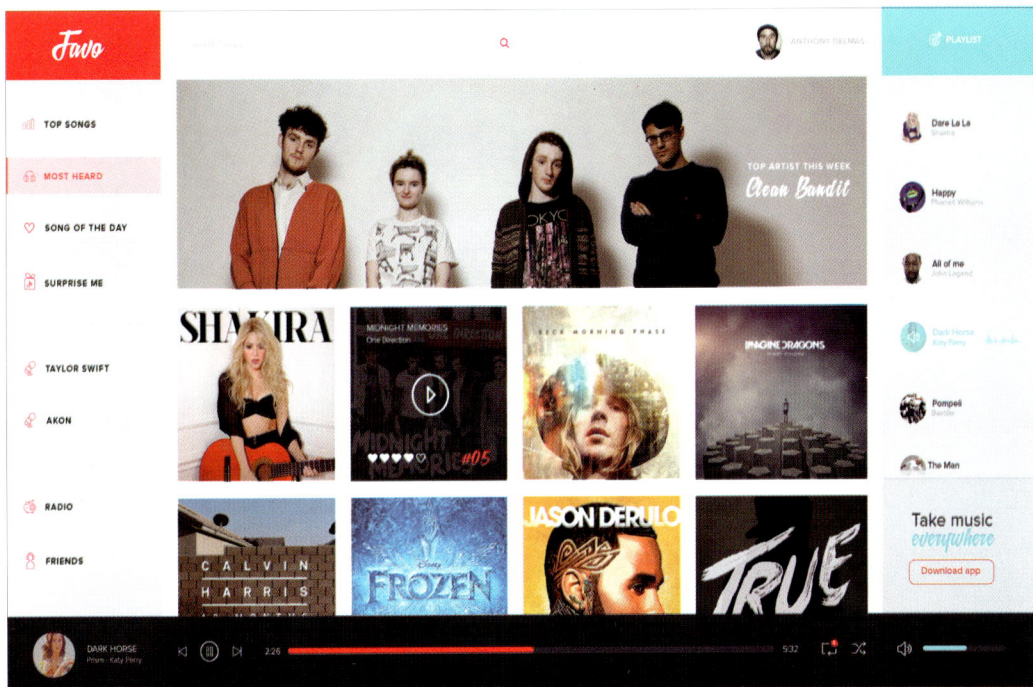

音乐播放器UI版式

2. 用户习惯与交互方式

不同类型的目标用户有不同的交互习惯。这种习惯的交互方式往往来源于其原有的、针对现实的交互流程和已有软件工具的交互流程。当然还要在此基础上通过调研分析找到用户希望达到的交互效果，并且以流程确认下来。

3. 提示和引导用户

软件是用户的工具，因此应该由用户来操作和控制软件。软件响应用户的动作和设定的规则，提示用户结果和反馈信息，引导用户进行下一步操作。

作品分析

图 形

这是iPhone 5操作界面的概念图片。六边形的元素成为该界面的主要构成。界面中的图标均采用了六边形设计，并且整体以一个更大的六边形样式构成了主菜单。

色 彩

C98 M77 Y24 K8
C69 M37 Y33 K4
C69 M36 Y3 K0

采用蓝色作为主色调，象征着商品的科技含量，各六边形元素形成带有立体感的层叠效果，使界面更具有层次感。

文 字

文字部分采用了对话式聊天界面设计，白色文字在蓝色背景下更加清晰易读。

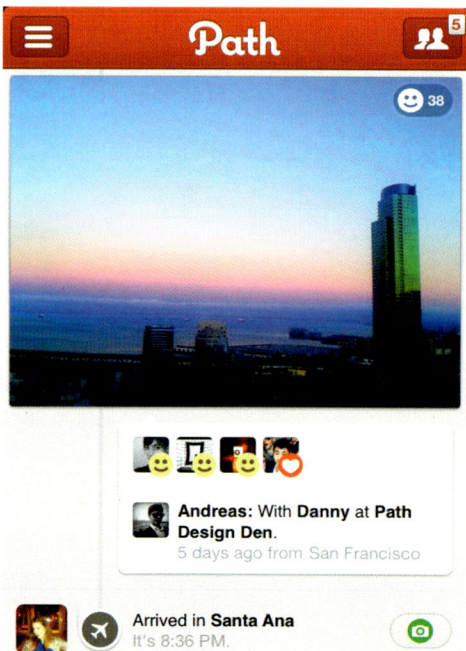

图 形

私密社交应用软件Path 2.5版本的界面。采用人性化的设计理念与简洁到极点的设计风格。将导航放入左侧的屏幕，增加了未来的可扩展性，同时也保证主屏幕清晰的内容。

色 彩

C22 M94 Y100 K13
C59 M21 Y0 K0
C74 M68 Y66 K87
C4 M5 Y6 K0

图标设计简洁易识别，色彩亦能体现其功能的不同，虽然图标较多，却没有繁杂感。

文 字

更多的文字及图标信息被放在左下角，成弧度展示，方便右手拇指单手操作。

作品欣赏

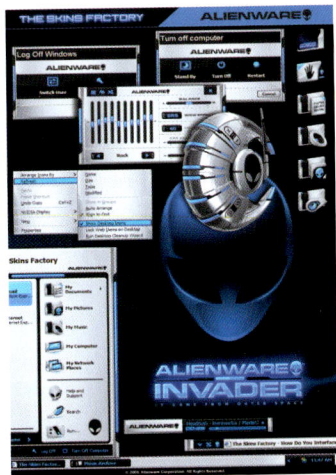
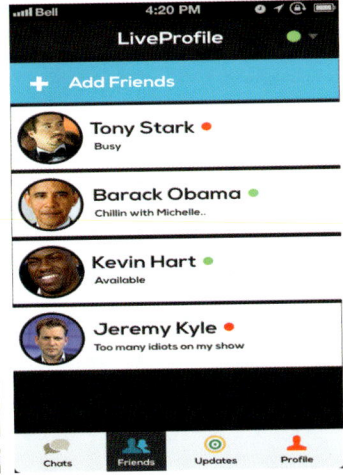

问题分析

图 形

最好的设计不是用来看的，而是用来体验的。所有的图形元素都是简洁且有意义的。

色 彩

UI注重让用户去体验，而不是追求内容花里胡哨。色彩越简单，用户体验越好。

文 字

文字简洁明了，清晰度较高，易于浏览。

精彩原作

在设计实践中，再好的创意也需要用精彩的视觉图形图像体现出来。下面就对比优秀原作，将具体设计中容易出现的问题，用图片展现出来，并进行针对性的问题分析。

图 形

屏幕的视觉元素没有清晰的浏览次序，缺乏强烈的视觉层次感，浏览器工具栏将全局导航推到了屏幕的顶端，却又造成了导航头部过于沉重的问题。

色 彩

抢眼的颜色、3D效果、漂亮的图标和按钮给页面增加了一些闪光点，给人一种高品质的感受。但是这里的色彩过多，会产生一种叠加效应，使页面变得混乱，使用户变得迷惑。

文 字

文字过小且悬停不动的导航大大吞噬了屏幕本来就很宝贵的内容显示空间，让用户在如此狭小的空间不得不频繁滑动屏幕浏览信息。

问题作品

5.8 DM版式

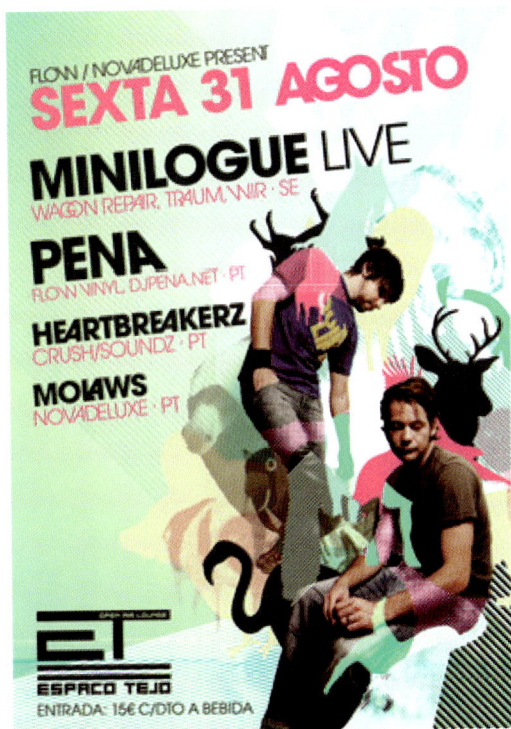

国外DM版式1

　　DM是英文Direct Mail Advertising的简称，是一种透过邮寄或找人派发的方式将广告信息传达给消费者的广告制作物。现在可谓是资讯泛滥的时代，每天打开信箱都会发现众多的DM广告，其中绝大部分的DM广告会被丢入垃圾桶，而被留下的DM广告必定有其吸引人之处。如何能让寄发出去的DM广告被阅读正是DM设计的重点所在。吸引人阅览的方式很多，可以是一句诱人的广告标语、突出的视觉表现，这一切都源自DM设计者的巧思。

　　DM的版式特征有以下三种。

　　1. 情感性

　　在版面中，通常选择有感情倾向的文字或图片，以美好的情感来烘托主题，追求文学意境与情感诉求。这种人性化的宣传策略，从感情上挖掘潜在的消费者，激发消费者的购买欲，进而转变成购买行为。

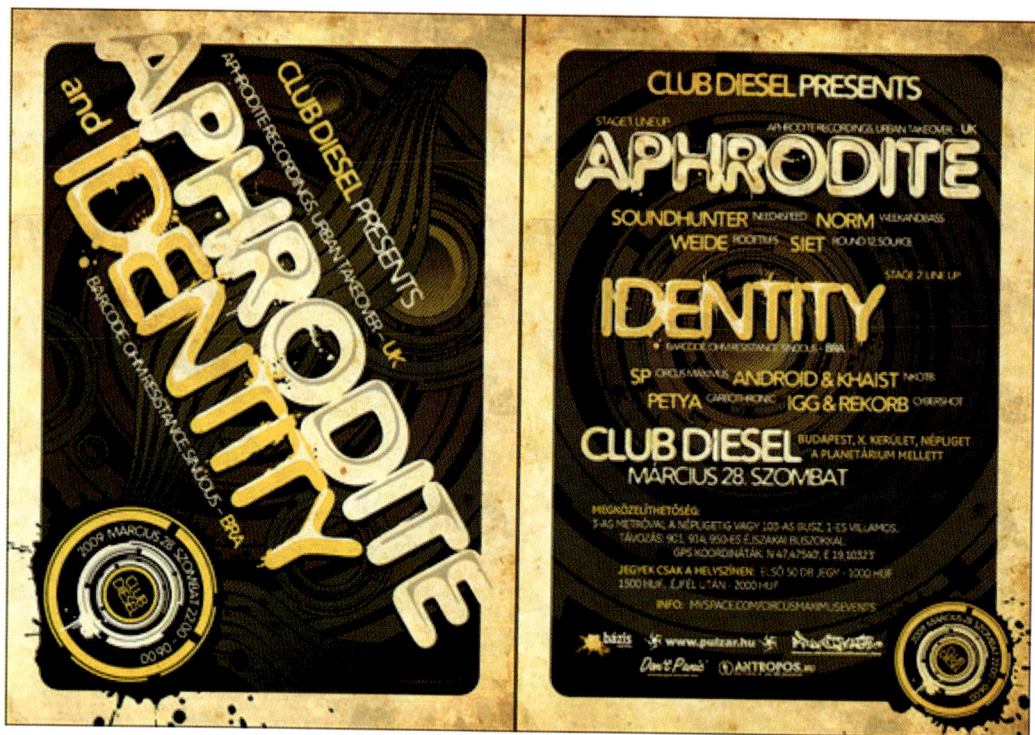

国外DM版式2

2. 诱读性

人们收到DM广告时，往往兴趣不大。如何吸引消费者不转移视线而继续看下去，需要设计师们使出浑身解数增强版面的诱读性。如把广告分成一段一段并结合图片形成系列，逐步引导视线转移，慢慢渗透到读者心中，这就要求版面的内容与图文结合，形成一种恰到好处的展现方式。

3. 艺术性

DM创意与设计要新颖别致，让人舍不得丢弃，就要确保其具有吸引力和保存价值，用艺术性来突出广告产品与众不同的特征，用艺术手法表现其他同类产品所不能表达的功能和便利。

作品分析

图 形

这是英国宜家创意DM设计"慵懒百猫秀"。其主题为"发自内心的喜悦",由一百只家猫参与拍摄。画面中猫咪随意溜达,传达出设计的创意:这些家具让它们感到发自内心的喜悦。

色 彩

■ C18 M86 Y95 K8	采用红、橙等暖色作为主色调,
■ C12 M55 Y78 K0	体现了宜家家居温馨的风格和人
■ C77 M68 Y64 K79	性化的设计。

文 字

商品名称及价格被配置在每幅商品图片中,指向明确,商品信息一目了然。

图 形

这是巴西的ORAL-B牙膏DM设计。将即时贴与牙膏的效果联系起来,让消费者在使用过程中有良好的体验与互动性,并置型的图片生动而又形象地诠释了这一创意。

色 彩

■ C6 M10 Y92 K0	即时贴由黄到白的渐变象征着
■ C11 M9 Y14 K0	在使用牙膏的过程中,犹如使
■ C61 M16 Y8 K0	用这本即时贴一样,牙齿也能
□ C0 M0 Y0 K0	由黄变白。

文 字

这是一款优秀的DM设计,文字精炼,排版具有艺术美感,并与主题结合紧密,富有人情味和亲和感,让人在心底接受和认同它,从而刺激消费。

作品欣赏

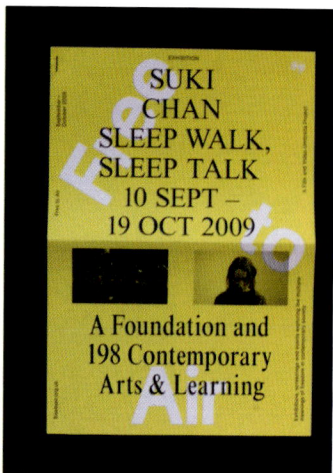

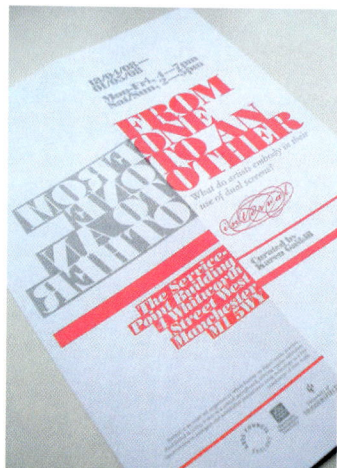

问题分析

图 形

设计成信件样式，充分考虑其折叠方式、尺寸大小，便于邮寄。简洁而有质感的信封，内页丰富多彩的图形，确保其有吸引力和保存价值。

色 彩

以高明度的白色作为底色，使图形和文字清晰易识别。

文 字

文字排列规则有序，虽用了一种字体但却不单调，在字号与颜色中寻求微妙的变化，使一种文字造型呈现出不同的视觉效果，传递出较强的人文艺术气息。

　　在设计实践中，再好的创意也需要用精彩的视觉图形图像体现出来。下面就对比优秀原作，将具体设计中容易出现的问题，用图片展现出来，并进行针对性的问题分析。

图 形

版面中的各个元素排列散乱，构图左密右疏，缺乏创意。

色 彩

色相不够明确，背景色显得较脏。

文 字

文字与图片重叠，含混不清，文字用色与底色没有产生对比，增加了读者阅读的困难。